中国建筑学会
建筑科普丛书

建筑科普书馆

旅途上的
国外传统民居

[加]秦昭 著

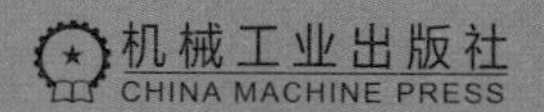

机械工业出版社
CHINA MACHINE PRESS

传统民居，是人类文明发展史上的重要一环。在它们简单无奇的外观背后是几千年积累下的丰富的建筑经验；在它们简洁多变的造型下面是民族文化的厚重沉淀；在它们朴素无华的装饰上总能找到独具匠心的美丽。本书以世界各地的传统民居为主题，向读者介绍人类家居的历史，世界不同民族围绕着家居的文化习俗，以及各式各样的传统民居的建筑方式。

本书可作为了解国外传统民居的工具书，还可作为旅行者的出行宝典，同时也适合高等院校建筑学等相关专业师生，以及广大建筑设计爱好者学习和阅读。

版权登记号：01-2023-5137

图书在版编目（CIP）数据

旅途上的国外传统民居 / [加]秦昭著. — 北京：机械工业出版社，2024.5
（建筑科普书馆）
ISBN 978-7-111-75823-5

Ⅰ. ①旅… Ⅱ. ①秦… Ⅲ. ①民居—介绍—世界 Ⅳ. ①TU241.5

中国国家版本馆CIP数据核字（2024）第097961号

机械工业出版社（北京市百万庄大街22号 邮政编码100037）
策划编辑：宋晓磊 责任编辑：宋晓磊 李宣敏
责任校对：张爱妮 陈 越 封面设计：鞠 杨
责任印制：张 博
北京利丰雅高长城印刷有限公司印刷
2024年7月第1版第1次印刷
148mm × 210mm · 10.125印张 · 133千字
标准书号：ISBN 978-7-111-75823-5
定价：99.00元

电话服务 网络服务
客服电话：010-88361066 机 工 官 网：www.cmpbook.com
010-88379833 机 工 官 博：weibo.com/cmp1952
010-68326294 金 书 网：www.golden-book.com
封底无防伪标均为盗版 机工教育服务网：www.cmpedu.com

前言

不知从什么时候起，“看房，买房”成了中国普通人特别关注的事情。人们涌到各地的售楼处去排队，在楼盘模型前徘徊，挑选中意的户型，畅想着自己未来“宫殿”的样子。然而，尽管眼前的一座座楼盘奢简有别，风格各异，但都无一不被限制在了钢筋水泥的框架里。这些高大的楼盘平地而起，构成了城市的水泥森林，它们挡住了人们远眺的视线，也限制了现代人对于民居的想象空间。

其实，传统民居是那样的丰富多彩，那样的源远流长。在人类还在以追逐野兽为生时，就有了对栖身之处的需求。天然洞穴是人类开始的栖身之处。随着人类的进化和文明的发展，民居建造也越来越复杂。人类撮土为墙，筑石为壁，立木为柱，覆草为顶，一点点地筑造着自己的栖身之处，再把它们一代代地承传下去。再没有比传统民居更好的形式，能这样完美地把世界上不同民族丰富多彩的历史、文化、艺术和地理环境等因素融合在一起的了。

虽然自己的专业不是民用建筑，但我对传统民居情有独钟。每到一个国家，我想去转的地方不是宏伟的宫殿和教堂，而是极富传统特色的普通民居。

寻找传统民居就像是去邻居家串门作客，有一种熟悉和亲切的感觉；在西伯利亚圆木小屋里，我似乎回到了长白山的树林；在韩国，享受着地暖民居的温暖，我好像坐在中国北方农村的火炕上；在突尼斯的土窑，我仿佛看到了陕北的窑洞。不过，在亚洲南部太平洋小岛上闷热的高脚楼里，很难体会亚洲北部西伯利亚圆木小屋里的寒冷。在土耳其中部高原干燥的穴居洞里，也难以想象印度洋畔喀拉拉水洲上篷船屋的潮湿。

欧洲的人文景观就像五颜六色的小国拼出的欧洲地图那样浓缩，那样让人目不暇接。看不尽北欧简朴的木板房，英伦三岛的茅草屋，德意志、荷兰的中世纪红砖建筑，阿尔卑斯山古朴的夏莱，意大利、西班牙等地中海国家神秘的石头村寨，以及法兰西工业革命初期的城市老街。这些传统民居是上千年流传下来的建筑形式。它们虽然没有古代皇家宫殿的华丽，也远不如中世纪教堂的庄严，但它们是普通欧洲百姓祖祖辈辈的居所，呈现的是平民生活的传统和习俗。它们是欧洲文化的一个重要方面。

那些简陋至极的泥屋深处蕴涵的对生命和自然的理解，似乎都被赋予了深奥的含义。泥土并不只有黄色。从非洲民居上我们清楚地看到了人类对美的创造。从布基纳法索绘满几何图案的泥墙，到摩洛哥小镇泥屋上染出的梦幻般的蓝色，再到突尼斯泥屋波浪般起伏的拱顶曲线，艺术之美到处以原始朴素的形式呈现出来。

在美洲的北端北极圈的冰天雪地里，土著的因纽特人的小冰屋是世界上相当富有特色的传统民居。但是，向南进入北美新大陆以后，一切都被笼罩在了新殖民地文化的下面，变得单一无奇。在加拿大和美国看到的都是同样的文化景观。在这片土地上，历史也不再是位老人，而是一个精壮的青年。

然而，越过了加勒比海进入南美洲以后，文化又变得丰富多彩起来。宏伟绵长的安第斯山脉就像一条纽带，牢牢地挽住了古老的印第安文化传统。在秘鲁和玻利维亚高原，土著民居保持着它们独有的文化魅力。

在那些朴素无华却各具特色的民居中，我看到了一个个民族的历史、一种种文化的承传；看到了生活的温馨和活力，也目睹了世界各个角落里人们的日常生活。

特色，是传统民居的灵魂，也是我在世界各地的旅途中寻找的东西。世界之大，如果什么都是千篇一律，再美也是苍白的。对于传统民居来说，特色可以来自一堵干石垒就的墙，可以是一个茅草覆盖的屋顶，可见于不同颜色的泥土构成的图案，也可以呈现在形状新奇的构架上。无论怎样，每一块石头，每一捆茅草，每一抔泥土和每一根木头都不是随随便便放在那里的，它们对一座民居都有着至关重要的作用。传统民居的建筑工程技术虽然不是我关注的重点，但从中追溯到的文明发展史常常让我浮想联翩。人类为了适应自然环境而沉淀的智慧和积累的知识让我感叹。

传统民居就像一本教科书，有历史，有地理，有文化，有艺术，也有科学，它们带着我在旅途中一路走一路学，也一路积累一路赞叹，从而记录成了这本书。

著 者

目录

第五篇　民居局部，精彩在细节

第六篇　民居，城市标牌

第七篇　非屋而居，乐在其中

第一篇　以木为材，精雕细琢

森林为原始人类提供了最初的栖身之处。木材自然而然成为人类最好的建筑材料。木头本身的特点让它不仅满足人类需要遮风挡雨的基本要求，而且让人类发挥出自己的创造力，在加入不同的文化元素后，其实用性和美观得到进一步的提升。几千年的人类建筑史为我们留下了丰富的木建筑形式和精湛的技术。在世界的每个角落，以木头为材的传统民居格局特色争奇斗艳。

1 瑞士

夏莱巡礼，别墅追源

没想到一百多户人家的小山村格里门茨也有一个旅游信息办公室。它就设在村口的公交车站旁边。我打听能不能找一个村子里的老人给我介绍一下这个阿尔卑斯山村的传统生活，有人告诉我往村里走，老瓦杜肯定在集市上，他是介绍村庄最好的人选了。

我沿村子中老街窄窄的石子路一路走过去，一座座老夏莱民居错落有致地排列在老街两侧。它们多为石头基座，上面是两三层木质结构。由于年代久远，木头已经变得黑红黑红的，有点像浸过沥青的枕木，老旧但不颓破，沧桑但不败落。尤其引人注目的是所有老夏莱的

天竺葵是“夏莱村”最常见的鲜花

夏莱的石片瓦顶

窗台上、木楼梯边和阳台上都吊满或是摆满了红色和粉色的天竺葵，一蓬蓬一束束显得生机盎然，让这些老屋焕发出活力。

尽管在现代语言中，夏莱已泛指那些具有别墅性质的度假屋，但其原意指的是几百年前在阿尔卑斯深山中山民们用来栖身或劳作的临时简陋木屋。在过去，散居于阿尔卑斯大山深处的山民在恶劣的自然条件下，除了人脚踩出的羊肠小道外别无他路，基本上过着与世隔绝的封闭式生活。每年夏季，当高山上的冰雪消融、牧草丰盛之时，牧人才会把自己的牛羊赶到高山牧场上去放牧。

由于山路崎岖艰险，高山牧场又往往远离山村，因此牧人要与其牛羊一起在高山上度过整整一个夏季。直到深秋降临，牧草干枯，才会赶牛羊下山回村过冬。为了在长达数月，独自与牛羊为伍的日子里有挡风避雨的栖身之处，牧人就地取材，在山上用石块和木头搭起仅供栖身的小屋，这就是原始的夏莱。

临时凑合栖身的目的决定了这种夏莱极为简陋，称其为窝棚也不足为过。另一方面，当奶牛每天在山上吃饱喝足后奶水旺盛，又需要牧人一番劳作，挤下鲜奶后必须及时烧煮制作成奶酪以便保存。阿尔卑斯山民制作奶酪的传统方法一直是在柴火堆上架起大锅煮奶。一个又一个夏季的烟熏火燎让本来采光条件就极差的夏莱变得更是黑乎乎一片。入秋后，牧人与牛羊下山，夏莱就被"遗弃"在了山上，孤零零地任风吹雪埋，直到来年夏天牧人与牛羊重新上山。

在阿尔卑斯山村里的村舍比夏莱的结构要复杂得多，建造得也比较讲究。村舍毕竟是全家人长期居住的地方，家庭和个人财产的存放之处，甚至是一代代人相传的遗产，要考虑的因素就要多得多了。当然这种讲究还是基本以实用为主，山民们根据自己的生活需要来决定建筑的风格和结构。

夏莱木屋

山坡上的“夏莱村”

格里门茨村有着阿尔卑斯山“活的夏莱博物馆”之称。村子坐落在海拔一千五百多米的深山中。它似乎与世隔绝，却有着一千多年的历史。现在全村百十户人家的居民中有相当一部分住的是有百年以上历史的老夏莱。其中，年头最久远的已经历了四百多年的风雨。虽然在法国和瑞士的阿尔卑斯山山村中，人们不难见到经历了百年风雨的老夏莱，但像格里门茨村这样保存如此完好，仍在继续使用的老夏莱群是难得见到的。

这一天正赶上村里的集市，从远近村镇赶来凑热闹的人不少。集市上人来人往显得挺热闹。因为村子不大，大家都相互认识。一位皮肤黑红头发雪白的老者在老街上走走停停，几乎每一个迎面相遇的人都会停下来向他问候。我一打听，果然他是刚刚卸任村民委员会主席的让·瓦杜。

老瓦杜听说我想深入了解格里门茨村，立刻显得义不容辞。他带着我在村子里转来转去，边走边讲述每一座老夏莱的故事，介绍各种夏莱的用途。

在过去的年代里，大山中冬季人畜的取暖是一个大问题。人们为了保证在大雪封山的季节里让人畜都不挨冻，会采取人畜共宿在一个屋檐下的办法。夏莱的最底层作为牲口棚，中层为主人一家的起居室，最上层储存牲畜过冬的草料和柴禾，它们盖在屋顶是再好不过的保温材料。夏莱还都有着探出房体建筑之外的长长的屋檐，为中层居室四周宽大的阳台遮风挡雨。而这些阳台是夏秋季晾晒为牲畜过冬储存的干草的地方。

为了防老鼠，建房时在基柱上加了大石片

在一座座两三层的夏莱民居之间，时时会见到一些孤立的，比较矮小也比较破旧的小木屋。它们不论是选材还是建造都不甚讲究，形式也很简陋。一般只有一个矮小的木门，没有窗。它们共同的特点是房基都不是起自地面，而是用矮矮的木桩支撑起木屋。四角的木桩与屋体之间全都夹着一块直径远大于木桩的扁石片，好像要把木屋与木桩绝缘开来。老瓦杜说这是瑞士瓦莱州山区夏莱的一大特点。

这类夏莱一般是作为储藏粮草之用的。为了防止鼠类对粮草的噬食破坏，人们将夏莱用木桩架空于地面，而与地面相接的木桩顶部那片又大又滑的石片就像给木桩盖了顶大帽子，成了从地面爬上来的鼠类一个难以逾越的障碍，从而有效地阻止了鼠类对粮草的噬食。

这些更接近夏莱原型的小木屋的外面除了见缝插针地摆上几盆天竺葵外，主人并无意将它们整修得更符合现代人的审美观，也更不因“有碍观瞻”而将它们拆除。因此这些“老掉牙、土得掉渣”的小屋子就这样不起眼地散落在村子里，倒也有着别具一格的魅力。

介绍格里门茨村公所是老瓦杜的保留节目，也是他最为津津乐道

老夏莱民居局部

的内容。村公所坐落在一个三层的老夏莱中。虽然今天不是村公所开放日，他还是特意为我打开了大门。

村公所所在的老木楼是全村最老的夏莱。这座三层建筑是1550年建成的。几百年来在这村公所里一代代格里门茨人留下了抹不去的印迹。像阿尔卑斯山区大部分山村一样，向来访的客人展示自己的酒窖和藏酒是主人的骄傲和最大乐趣。在村公所里，显然老瓦杜更迫切介绍的，是位于地下室的格里门茨村老酒窖。

潮湿昏暗的地窖四周排放着十来个长两三米、直径近一人高的木头大酒桶，它们已经被几百年的美酒浸润得黑红黑红的。老瓦杜如数家珍般一个挨一个地向我介绍大酒桶的年代、所储藏的葡萄酒的种类和容量。其中一个放在最醒目位置的大桶上刻着“1886”的字样。字迹是古体的，已经被岁月磨损得不太清晰了。桶里装的是格里门茨人的荣誉和骄傲——珍藏了一百多年的葡萄冰酒。格里门茨村在

村中老酒窖里先人留下的锡酒壶

1886 年酿制的这桶冰酒十分宝贵，只有在教区的主教来访和一些极为重大的场合才能品尝，因此被尊称为“主教酒”。

也许是因为我是到这个酒窖里来的第一位华人，老瓦杜特意去请示了他的儿子、村委会现任主席的批准，从另一个标有“1888”字样，稍微“年轻”点儿的大酒桶中为我接了一杯陈年冰酒。当然，老头儿赶紧也趁机为自己接了一杯。毕竟他即使是村里的元老，也很难有机会来品尝全村人的宝贝美酒。

昏黄的灯光下，冰酒晶莹碧透，入口有一种清冽沁心的清香，而且回味悠长。不善饮酒的我在老瓦杜的现场品酒指导下，将一杯陈年冰酒缓缓入肚，很快就感觉有些飘飘然了。

醉眼蒙眬下环顾这间有着几百年传奇的酒窖，只见四周墙上高处悬挂着的一排排银色的锡质酒壶发出幽幽的闪光，与黑红的木头大酒桶相呼应，显得神秘莫测。这些锡质酒壶是从十九世纪初起所有村民委员会的成员在加入该委员会时的留念。每个酒壶上都刻有主人的姓名。不言而喻，其中大部分的主人都早已不在人世了。但酒壶代表着主人，世世代代与格里门茨的子孙后代同在。现在他们在这阴暗的酒窖中高高地从屋顶上注视着我，注视着一个正在酒窖里品尝他们留下的美酒的华人。

“冰酒是格里门茨文化的灵魂，所以我们不会出卖它。”老瓦杜骄傲地说：“谁要品尝格里门茨冰酒的神奇味道，只有一个办法，到我们格里门茨来作客。只有在我们的酒窖里冰酒的味道才纯正呢。”

当然，如今来格里门茨村作客的人再不会像几十年前那样与牲口和干草共同拥挤在一个屋檐下了。不知不觉中，夏莱变得现代化了，也变漂亮了。低矮的小木屋变成了高大敞亮的木质别墅，原来潮湿昏暗，拥挤着牲口的底层被改造成了宽敞的停放私家车的车库。原来晾晒粮草的阳台成了人们进行日光浴，享受山区新鲜空气的露台。

黄昏，我站在村子的夏莱别墅的露台上远望，绿色山谷的尽头以马特宏峰为首的几座瑞士著名的海拔四千米以上雪峰正在夕阳下渐渐染上柔和的玫瑰红色。明天我要去那里徒步。雪峰、冰川、高山牧场和牧场上的原始小木屋正在等着我。

阿尔卑斯山里的一个“夏莱村”

2 挪威

卑尔根，草根阶层的温馨

都说卑尔根是座雨城。这一点，我在这座北欧小城逗留的几天里得到了证实。四天三夜的时间里只有不到半天的云开雾散。在这短暂宝贵的阳光下，卑尔根的美丽色彩更加饱和。它的温馨的草根风格更加可人。

卑尔根号称是挪威的第二大城市。从中国来的游客肯定会被这个"显赫"的头衔所误导。实际上，它在规模上恐怕还不如中国一座较大的县城。也正因为此，卑尔根没有大城市的繁华喧闹，有的是平民小城的宁静与温馨。

这是一座有着厚重历史的小城。但像挪威这个国家一样，它悠久的历史留下的不是哥特式、巴洛克和文艺复兴风格的大理石宫殿，而是一排风格简朴，既不宏伟又无气势的木头房子——布里根。

布里根是一小片混合着北欧和德意志北方建筑风格的尖顶木头房子。从外观上看，它是一排肩并肩挤在一起的排屋。在夏日傍晚迟迟不落的夕阳下，在它的背后山坡郁郁葱葱的绿色的衬托下，它浓重的暖色调更加醒目耀眼，吸引着所有人的目光。

布里根真的很美，她这样亭亭玉立地站在沃根湾的入口处，作为卑尔根这座港口城市的标志再合适不过了。但我更希望看到她在被戴上联合国世界遗产的桂冠、继而被完全旅游化之前的本来面目。于是，我穿过了布里根前面小广场上熙熙攘攘、在露天咖啡座享受夏日

港口边的卑尔根地标——布里根排房

长昼的人们，从布里根两座排屋之间的一个歪歪斜斜的小门，走进了这座有六百多年历史、中世纪的汉萨同盟的商贸集散中心。

十三至十七世纪，欧洲北部的一些城市为了方便地区之间的商贸交流，成立了一个在经济和贸易上统一的组织——汉萨同盟。同盟成员的城市之间在商业和贸易交流上共享优惠，并受到同盟的保护。汉萨同盟的范围从波罗的海到北海，规模大、持续时间长，在促进欧洲北部的经济发展中具有十分重要的作用。布里根曾经是当年汉萨同盟最主要的港口和贸易集散地之一。从欧洲北部来的渔产品和从南部来的农产品在这里大量储存、转售。小城卑尔根在相当长的时期里是挪威和北欧最繁华的商贸港口重镇。

如今，在布里根美丽的“标志”的背后，人们可以看到当年这个商贸集散中心的本来面貌：几条宽仅两米的小夹道纵向分隔开数列两层木头房子。每列房子下面的一层都是无窗少门，一大排木板墙的里面是当年存放货物的仓库。从夹道两头又陡又窄的木楼梯登上二层。

布里根内部的老房子（一）

长长的走廊的内侧是一间间隔开的简陋小房间，是当年各地来的商人们办公和居住的地方。

阴雨霏霏，狭窄的小巷子里更加昏暗。已经经历了几百年风雨的木板墙和廊柱破旧不堪，在几盏昏黄的路灯下显得有点神秘。我似乎闻到了当年长年弥漫在这里的咸鱼干货的气味。虽然四周寂静无声，但不难想象当年这里装货卸货的繁忙景象。

设在布里根的汉萨同盟博物馆里保留了当年汉萨同盟在挪威的“海外办事处”的原貌。除了仓库和办公用的地方外，最有特点的是当年人们住宿的地方。当年布里根只对德国商人开放住宿，而这些人都不带家属，因此旅店都是“集体宿舍”。商人们可以有自己的小房间，学徒工就挤在大宿舍里，两个人睡一张上下床。冬天的布里根又阴又冷。为了木屋群的防火，住宿的地方都不允许生火取暖，因此高级一点的床都自带一个门以便保暖。博物馆里展出的这种带门的双层床生动地告诉了后人当年的艰苦。在这靠近北极圈的地方，在这又阴又冷的冬天里不能生火取暖，人们是怎样熬过漫长的冬季的，真是让人难以想象。

尽管如此，卑尔根在历史上还是历经劫难的。1702 年的一场大火，烧毁了这座城市百分之八十五的建筑。布里根也未能幸免于难，几乎全部被烧毁。重建后的布里根又先后遭到几次火灾。在 1958 年的火灾之后，部分未完全烧毁的布里根建筑得到了抢修。1978 年布里根被联合国教科文组织列入了《世界遗产名录》后，卑尔根市政府在原址上建立了布里根汉萨同盟博物馆，并且把这片木屋群作为本市最重要的旅游景点，如今一部分当年的仓库被改建成为土特产和旅游

布里根内部的老房子（二）

纪念品商店。游人们可以在简陋的小店里买到制作十分精美的手工刺绣、皮毛制品和工艺品。

布里根悠久的历史、作为世界遗产的名声和它地处的位置往往让外来的游客产生了一种错觉，以为布里根就是卑尔根的中心。其实不然，卑尔根另有一个“绝对中心”——鱼市。不知道卑尔根旅游指南上经常提到的这个“绝对中心”的参照点是什么。但有一点很有卑尔根特色：这座小城市中心所有的地理位置都以鱼市为起点。不论是游人寻找某家酒店、某个餐馆、某个公园或者某条街道，卑尔根人都会告诉你，它离鱼市有多远。

据说卑尔根的鱼市是北欧大型露天鱼市之一。如果说在布里根人们看到的是这座城市历史悠久的过去的话，在鱼市，人们看到的就是这座小城现在生动的生活景象了。卑尔根的鱼市坐落在小城最主要的港湾的尽头。每天早上天一亮，小贩们就在鱼市的小广场上开始支摊

广场四周的传统民居建筑

子、搭棚子，随后各种各样的海产品陆续“亮相”。它们全部是当天新捕捞的鲜鱼、鲜虾、鲜螃蟹。红彤彤的三文鱼、两尺多长的大螃蟹腿、巴掌大的大虾，以及各种各样我叫不上来名字的鱼类还有琳琅满目的各种海产罐头、鱼子酱等。即使不吃也能让人饱个眼福。

在卑尔根老城的居民区，民居都是相当简朴的木板屋。它们大部分被粉刷成白色，也有红色、黄色等醒目的颜色点缀在住宅群里。这些小木屋似乎没有固定的设计规则，各家各户根据自己的需要决定房子的形状、大小。这使得从远处看上去建筑群似乎简陋无奇、千篇一律。但走近了仔细看，每座都有自己的特色。这个多出一个拐角，那个增建了一间阁楼，这个添加了一个尖顶，那个另有一个小阳台。它们真正的共同之处是每家每户都有自己精心打理的小花园。也许是因为地处寒冷的极地，夏季短暂，花草对挪威人来说显得十分宝贵。因

港口边有北欧特色的排楼

卑尔根城里简朴的
木头民居（一）

卑尔根城里简朴的
木头民居（二）

此小花园是挪威民居一个不可缺少的部分。在卑尔根的山坡上，即使地方狭窄、无花园可建的人家也要在墙根和窗下栽上几棵玫瑰，在门前摆上一盆花草。它们点缀着素白的木板屋，为它添加上温馨的情调。

二十世纪六十年代以后，由于北海油田的开发生产，使挪威在三十多年的时间里从欧洲较穷的国家一跃成为世界上富裕的国家之一。可贵的是，挪威人并没有因为“一夜暴富”而染上“暴发户”的恶习。他们仍保持着简朴的传统。挪威的建筑也没有因巨大的石油财富而造成高楼大厦竞相雄起。朴实无华的草根风格依然是挪威建筑风格的主旋律。如今它与布里根一白一红、一个山上一个海边，遥相呼应，装点着卑尔根这座美丽的小城，给予了它闪耀着平民之光的不尽风情。

周末在港口边咖啡座休闲的人们

3 俄罗斯

俄罗斯风情，西伯利亚圆木小屋

二百年前，伊尔库斯克给自己一顶挺奢华的桂冠——“西伯利亚的小巴黎”。与其说是因为这座城市宽阔的“大街”和布尔乔亚式的建筑，不如说是因为伊尔库斯克冠名的那群人——俄国十二月党人。

十九世纪初，俄罗斯受到欧洲启蒙思想的影响，自由主义思潮流

西伯利亚木屋精美的外部装饰

行。拿破仑战败以后，凯旋的俄罗斯上层军官在途中亲眼见到了西方现代社会的繁荣，深感俄罗斯封建专制社会的落后。一批希望社会改革的上层人士和军官趁沙皇亚历山大一世驾崩之际，于 1825 年 12

月在彼得堡的元老院广场发动起义。但是起义遭到了新沙皇尼古拉一世的军队的镇压而失败。大批的十二月党人被判刑，流放到西伯利亚。贝加尔湖畔的伊尔库斯克成了这些流放者最集中的地方。

十二月党人的成员当中，除了贵族成员和军队的高级军官以外，还有许多有自由主义思想的知识分子和艺术家。这些人的到来给当时还是偏远小村庄的伊尔库斯克带来了别样的生机。十二月党人和他们的妻子在这遥远的流放之地一住就是三十年，他们在彼得堡的上流社会的生活方式和布尔乔亚的作风给伊尔库斯克留下了深深的印记。其中所谓的“十二月党人小木屋”就是这份遗产中最重要的一部分。

可以说，“十二月党人小木屋”是被赋予了政治意义的西伯利亚传统圆木建筑。在俄语里这类圆木小屋被称为“伊斯巴”，是俄罗斯村镇里常见的民居形式。典型的伊斯巴有一个木栏围起来的院落，院子里有主人居住的木头平房和另外搭建的杂物间、牲口棚和鸡窝。俄

伊尔库斯克城里传统的西伯利亚木屋（一）

传统的西伯利亚木屋

罗斯圆木小屋的特点是它是用几乎未经任何处理的树干作为建筑材料；建房的工具也只是最原始、最简单的斧头和砍刀，甚至连锯子也不需要。

在树木被砍倒以后，用砍刀削去树皮，待木头自然风干以后在每段树干的两端用斧头砍成尖头或者方头，做成楔状，然后相互嵌接起来。在建屋的过程中完全不用钉子，全凭木头之间的相互咬合。这种相当原始的方法造出来的房子自然十分粗糙，有不少缝隙。于是，人们就用泥巴把木头之间的缝隙堵起来。

屋子建好以后，人们还要按照风俗在屋子四角的下面埋上乳香、羊毛和钱币。据说这可以保佑主人一家健康富裕。

小木屋虽然在整体上简陋粗糙，但在它的外部装饰上却十分讲究。稍有条件的人家都会在窗框的四周和房檐下装饰上木头雕刻出来的花边。这些花边雕刻得像剪纸一样精美，还常常被刷上与原木不同的鲜明颜色。它们把平平常常的小木屋装饰得像一件美丽的工艺品一样，给予了西伯利亚圆木小屋与众不同的特色。

在木头房子的内部同样陈设简单。最引人注目的是房子中央的俄

左｜伊尔库斯克城里传统的西伯利亚木屋（二）

罗斯大炉灶。在俄罗斯人的传统生活里，木头房子里的大炉灶是一个非常重要的角色。在日常生活里最基本的要素——“温饱”都要依赖这个大炉灶。在漫长的西伯利亚寒冬里，大炉灶是供给一家人温暖的唯一设施。为了达到最长时间保暖的需要，大炉灶的烟道都修成长长的迷宫样。这样可以最大限度地加热烟道的砖壁。必要的时候人还可以直接睡在炉灶上，相当于我国北方的火炕。在炉灶上还修了可以让一个成人躺进去、用来洗热水澡的大木盆。据说在卫国战争中，这种炉灶上的大木盆曾经帮助居民藏身，躲避纳粹的搜捕。

除了取暖以外，人们用炉灶烤面包、制作酸奶等一日三餐。用俄罗斯大炉灶烧出来的食物有独特的风味。有名的俄罗斯烤奶就是把鲜奶煮开以后放进炉灶里用微火闷上七八个小时而制成的。在长时间的加热过程中，牛奶中的乳糖和乳酸蛋白发生反应，在牛奶的表面形成了一层黄色的硬皮，带有焦糖的香味，风味十分独特。

十二月党人从彼得堡的豪宅被流放到西伯利亚的穷乡僻壤，不得不就地取材建造只有农夫才住的圆木小屋居住。但是，这些贵族们建造的木头房子比传统的圆木小屋更大、更有派头。现在，在伊尔库斯

中 | 伊尔库斯克的十二月党人当年聚会的木楼

右 | 木屋的内部陈设

克还有不少当年十二月党人留下来的木头房子，其中一间被称作“沃尔克恩斯基之家”的木房子是它们的典型代表。

沃尔克恩斯基是十二月党人起义的领导人之一。他在西伯利亚流亡的三十年时间里，有十七年是在这座房子里度过的。这座宽敞气派的大房子也成了当年流放者们经常聚会的地方。沃尔克恩斯基夫人在这里继续着她在彼得堡上流社会的习惯，定期举办社交沙龙，以此给清冷的流放生活增加一些活力。十二月党人在西伯利亚的流放生活曾经是俄罗斯近代文学的重要主题。如今，人们在沃尔克恩斯基之家里，面对简朴的家具和陈设，眼前不由地浮现出当年这里流放者们高谈阔论的场景。

现在伊尔库斯克的人口已超过六十万。许多现代化的水泥建筑在旧式的俄罗斯圆木房子周围建造了起来。相反，那些有一两百年历史的老木房子除了少数几座被作为文物保护以外，许多老木屋都因为年久失修而变得破败。当地人似乎对他们传统的老伊斯巴不太留恋，把它们遗弃在了老城的一个僻静的区域。路挺宽，但街上相当冷清，不少老木屋不像还有人居住的样子。它们木质发黑、装饰残缺、门窗不整，让人更难以把这情景与“小巴黎”联系在一块儿。不过在相机的镜头里这些“祖父级”的西伯利亚木屋另有一种凄凉的魅力。

有幸的是，在伊尔库斯克有一个凝固了岁月的地方，为寻找俄罗斯乡村风情的人留下了机会。在离伊尔库斯克四十多公里的地方，有一个塔尔基露天传统民居博物馆，这里集中了一些因在二十世纪六十年代建筑水坝而拆迁的木建筑，包括了西伯利亚风格的民宅、乡村学校、小教堂等。它们保持着俄罗斯传统木建筑的原貌，是十七至十九世纪的圆木建筑的精华。人们在这里重温了两三百年前贝加尔湖地区人们的生活场景。

俄罗斯传统的圆木小屋在伊尔库斯克的水泥丛林包围中，因破败、逐渐消失而被“请”进了博物馆，但它们仍在西伯利亚莽莽的原始森林里的各处真实地存在着，为主人遮挡着风雪严寒。

经典的西伯利亚木屋的窗户

伊尔库斯克城里传统
的西伯利亚木屋（三）

4 托拉加船楼，土著文化的张扬

印尼

乘飞机飞越印度尼西亚的苏拉威西岛，我看到在云雾缭绕的翠竹林山坡下有好几处奇妙的景观，就像一排向着绿色的竹海扬帆起航的大船。同机的人说那是托拉加人的村庄。那高高昂起的船头是大名鼎鼎的托拉加人竹楼——“通克南”的屋顶。

托拉加人是一个十分神秘的民族。他们古老的信仰和祖先崇拜的方式，以及丰富多彩的生活习俗都极为独特。托拉加人住在印度尼西亚中部的苏拉威西岛，他们是在这里生活了好几百年的土著居民。因为最早托拉加人生活在高山丛林里，有“猎头族”的称号，让外人闻风丧胆。后来他们下山改变为农耕生活，恐怖的“猎头族”成为了历史。但托拉加人独特的文化和习俗仍然对外界有相当大的吸引力。

托拉加人的村庄

他们有非常著名的丧葬习俗，人死后被安置在悬崖峭壁上的石穴里，成为托拉加悬棺。与这独特的死者住宅相对应的，是托拉加人同样举世无双的生活居所——通克南。

在托拉加的传说里，他们的祖先来自湄公河三角洲的柬埔寨。当年祖先在乘船漂洋过海来到这里的路上遇到了风暴，船只被损坏了。上岸以后，人们用残存的船体改建成了居住的房屋。从此，他们的通克南便有了独特的船形屋顶。

托拉加人在举行传统的庆祝活动

托拉加人虽然在二十世纪初被荷兰传教士感化信仰了基督，但在他们的骨子里仍或多或少地保留着自己民族古老的原始崇拜。建房造屋，是托拉加人生活里非常重要的内容。从设计到建造和使用，每一个环节都贯穿着传统的信仰和习俗，有着各种各样的规矩和讲究。

他们说创世神普昂玛塔在天堂建造了第一所通克南，有四根立柱和民族织锦覆盖的屋顶。后来所有的托拉加人的房屋都是对创世神作品的模仿。因为北方是创世神所在的方向，通克南都是坐南朝北。通克南是一种高脚屋，三排结实的木桩拔地而起。它们的顶部与横梁以榫口咬合，共同托起上面的小木屋或小竹屋。

主街上的船楼

恐怕没有哪里的传统民居的屋顶会比托拉加人的船形屋顶更奇异醒目的了。这种屋顶的总高度比真正的房屋部分的高度至少要高两三倍。而且它只作为装饰用，没有任何实际的使用价值。我走在村子里特意保留下来的通克南小街上，就像在检阅两排昂首挺胸的高大武士。威武雄壮的翘顶大屋从两侧相对，高昂着头就像即将比武的勇士，似乎哪一座都不可一世。

其实细看，屋顶下的小屋子平常无奇，而且几乎被上面巨大奇特的屋顶压迫得不见了身形，就像一条大船坐落在一个小小的基座上面。船形的屋顶两头都向上翘起来，尤其是正面的“船头”高昂得几乎失去了正常的比例。据说最原始的通克南的屋顶翘得并不十分明显，但后来随着人们对它的特殊造型的强调和艺术夸张，它的船形屋顶越造越大，越昂越高。

村子里正好有一家人在建新屋。好几个工人攀在已初具形状的屋顶上绑竹条。新屋最麻烦的部分肯定就是建巨大的屋顶。它是一项相

主街上的两排船楼
像列队的士兵

当复杂的工程，需要全家族人的共同努力。要先用竹子搭起横七竖八的排架子，然后用藤条把竹檩子一层层地绑在架子上做出船的造型。与屋顶相反，房子的主体部分和支柱的建造却相对简单，常常是事先在别处预制出来。建造一座较大的通克南需要十个工人花费两三个月的时间才能完成。然后再用一个月的时间做油绘、木雕等外部的装饰。

托拉加人是崇拜自然的民族，他们没有本民族的文字，图案是他们代替文字的表达形式。在他们房屋的内外装饰上强烈地表现出了这种文化。通克南的装饰以动、植物图案为主，也有一部分描绘了人们日常的生活和劳动场景。在装饰图案中最常见的螃蟹、蝌蚪代表着人口的兴旺。四处蔓延的水草图案象征着子孙发达和家族兴盛。

水牛是托拉加人最崇拜的动物。在大门上和用来支撑屋顶的柱子上都会雕绘牛头和牛角。在村子里经常可以见到用一对对的水牛角串起来的高高的牛角柱。除此之外，整个房子还用红、黄、白、黑等颜色绘上各种图案。这些五花八门、丰富多彩的图案和雕刻全都具有象征性的意义，代表了家族、社会、文化和人与自然的关系。

我好奇地走上一座通克南想观赏一下其内部的样子，结果发现：

船楼外面的装饰

在木楼上装饰着的牛头骨和牛角

与外观上的不可一世的霸气相比，房子内部可以说相当的简陋和卑微。似乎房屋的体积和面积都被船形的巨大屋顶夺走了。居室内部显得又窄又矮。不仅光线很差而且因为通风不良、常年被烟熏火燎而更加黑暗陈旧。据说现在不少托拉加本族人都不愿意住在这种老房子里。因此在现代，通克南越来越变成了一种传统文化的象征，从而逐渐失去了民居本来的意义。

然而这并不影响通克南在托拉加人生活中的重要地位。通常，通克南有三种等次不同的形式。最高大显贵的是地方长官的官邸，因为要被用来召集全族或者全村镇人的集会，所以会修得宽敞气派。第二种的主人是当地的旺族。他们的通克南的规模稍小但仍不失富贵和华美。第三种勉强可以归入通克南的行列，它的主人虽有一些封地，但社会地位较低且是比较贫穷的人家。因此他们的通克南显得比较简陋寒酸，有的甚至没有任何装饰。但是如果有条件，这类通克南是可以扩建和增建的，然后通过一定的仪式升级为更高级的通克南。为此，一些贫穷人家的子弟常常外出去打工，把挣来的钱不断寄回老家，希望有朝一日自己家也能盖上一座更漂亮气派的通克南。

“通克南”在托拉加人的语言里是“坐下来”的意思，指的是家族团坐在一起议事的地方。但是，实际上由于通克南内部的狭小和黑

巨大的船形屋顶让屋子显得“头重脚轻”

暗，现在人们更愿意坐在露天休息和聊天，或者居住在新建的、更舒适明亮的房子里。通克南的实用价值正在被它的象征意义所代替。

在村庄背后的悬崖上，托拉加人的祖先从他们的悬棺里高高地俯

视着子孙后代的通克南，俯视着曾经陪伴着自己耕耘的水牛的牛角，也护佑着托拉加人独特的文化传统。

人们坐在船楼下乘凉

5 吊脚屋，巴沃人的海上家园

马来西亚

游艇在蓝得令人心醉的大海中徘徊，透明的海水荡漾在银白色的珊瑚礁浅滩上，水中有五颜六色、四处游弋的美丽珍奇的海洋生物。远处海面上有几座孤零零的高脚小篷屋，它们细长的木脚就像伫立的鹭鸶。一只巴沃人的小船在水上划过，游艇上的人纷纷举起了手中的相机。

这里是巴沃人的家园。他们安静地生活在大海的深处，几百年来是人类中默默无闻的一群人。随着近年来马来西亚和菲律宾等国旅游业的发展，他们独特的生活方式也越来越引起世人的注意。随着旅游者的足迹，摄影师们也用自己的作品向人们展示了这些具有浪漫风情的民居——巴沃人的水上茅屋。

巴沃人是一个较广义的人群概念，他们的祖先从何而来没有准确的文字记载。在当地人的传说中，他们是来自马来西亚半岛柔佛州的渔民。大约从十世纪起，巴沃人的祖先逐鱼而迁，逐渐南下，来到了菲律宾的西南部、苏禄群岛和马来西亚东部的沙巴州以及印尼的苏拉威西岛一带。

由于历史和宗教的原因，巴沃人在几百年南下的过程中产生了分化。其中一部分很早就放弃了传统的在海上的“游渔”生活方式，在陆地上定居下来并转变成为农业人口。他们种植稻谷、饲养牲畜，其中马来西亚东部的巴沃农民甚至以“东部牛仔”而闻名。另一部分巴沃人虽然没有放弃渔业生产，但同时也在陆地上的城镇里从事各种短期的劳动和商贸活动。而完全保持了祖先的传统生活方式的巴沃人仍以打鱼为生。但他们不是普通意义上的渔民，因为除了以捕鱼为目的的海上劳作外，他们的生活也全部都在海上，是真正的海洋之子。巴沃人的孩子出生在海上。他们的一生都驾着小船在大海上流浪，随时在珊瑚礁盘上搭起自己栖身的茅屋，因此被称为“海上的吉普赛人”。

巴沃人的海上吊脚屋（一）

大海与巴沃人是一个相互依存的整体。他们不认为自己是自然界中借住的居民，而是自然界本身。巴沃人无意对周围的环境做任何形式的改造，大海的节律就是他们的生活节律。在出海时他们对着海风呼唤，充满感情和远古的想象；捕鱼时他们对着鱼儿讲话，吸引更多鱼群的到来。

与他们的海上家园相比，巴沃人对陆地是另一种情感。陆地是他们获取淡水和死者安息的地方。因此巴沃人对陆地的拥有只是一口水井和一小块墓地。妇女们即使在漫长的雨季里也坚持在湿漉漉的船板上做饭，从不会想到去陆地上找块干燥的地方升起炊烟；孩子们经常

巴沃人和他们的家

要上岸去寻找淡水，但却不会在陆地上多做停留；老人们只有在觉得自己病入膏肓的时候，才会让亲人们在一处小岛上搭个窝棚，在里面等待死亡的到来。

巴沃人是没有陆地的拥有权的，只有大海可以让他们自由地游弋。以前，载着他们四处漂流的小船“里帕—里帕”就是他们的家，是他们一代代生息繁衍的地方。如今，完全以“里帕 —里帕”为家的巴沃人已经非常少了。他们更多的落脚之处是近海岸的浅滩上搭起的水上茅屋。虽然陆地拥有权的限制剥夺了巴沃人上岸建屋的权力，但太平洋珊瑚礁大三角辽阔的海域上有数不清的小岛和珊瑚礁盘浅滩，为他们提供了建造遮风挡雨的小茅屋的地方。而岸边的红树林和涨落的潮水则为建屋提供了材料和便利。

珊瑚礁盘上的海水非常浅，落潮时，他们很方便地就可以将从红树林里砍伐的树木枝干固定在礁盘地基上，成为一根根木桩。待到潮水回升水位提高了，再把另一些木棍或木板铺在木桩上面。然后用苇席细树枝将四壁围起来，用芭蕉叶子盖上屋顶，一座简陋的茅屋便出现在海水中了。

巴沃人的水上茅屋极为简陋，除了屋脚下木桩上拴着的小船和屋子里少许做饭吃饭的家什，几乎是到处透风、家徒四壁。唯一可以给他们温暖的是天赐的阳光和热带气候。马来西亚的沙巴州名称的意思是“台风绕过的地方”，每年横扫菲律宾的台风都刚好从这片海域的北边掠过，很少触及这里，这也让“海上吉普赛人”有一个相对安稳的生活环境。

尽管茅屋简陋粗糙，甚至看上去摇摇欲坠，但身处于美丽的大海的怀抱中，在外人的眼里它们像一个个世外桃源。不过，如果这个世界上真有世外桃源的存在，恐怕也是极为稀罕。现实世界里更多的还是尘世间的俗景，近看巴沃人的水上高脚茅屋也是如此。

较集中的巴沃人水上村寨通常建在陆地或岛屿的岸边浅滩上，从陆地伸向海中。数座茅屋组成一群，其间用简陋的木板栈桥连接各家。建屋的材料因各家的经济情况不同而不同，较富裕的人家会去市场上购买木板，经济紧张的就到岸边红树林里采伐些树枝木棍，以及自己编织的苇席芭蕉叶，和捡来的铁皮、塑料布。

巴沃人的海上吊脚屋（二）

走进马来西亚海滨的巴沃人吊脚屋群里，一条湿漉漉栈桥连接起各个茅屋。每座茅屋的主体是一间连通的大屋。里面有竹床等最基本的生活用具，但更多的是人直接睡在地板上。大屋后面搭出一个露天的台子供日常劳作和做饭。每家的屋脚下都有小船作为来往于村寨各处的交通工具。

见到有外人走进了吊脚屋村子里，一大群孩子很快就围了过来。他们吵吵嚷嚷、兴高采烈。孩子们都是浑身晒得黝黑。胆小点的躲在茅屋的窗子后面羞怯地往外看；不害羞的就扑通、扑通地跳进海水里，争着向游人表演自己的水上技术。巴沃的男人们日出驾船出海打鱼，妇女在家操持家务或者在附近的海水中打捞贝壳和海藻。孩子们似乎并不在意拥挤、简陋和破旧的茅屋，只是整天无忧无虑地在茅屋下的海水里嬉戏打闹。

吊脚屋村庄由水上栈桥把各家连在一起

尽管巴沃人的水上茅屋简陋粗糙，但四周蓝得令人心醉的大海，

让人如同置身于一座如梦如幻的人间仙境之中，成了许多自然风光摄影师流连忘返的摄影天堂。可悲的是，在追逐纯粹的自然风光的美丽的摄影师的相机中，那些代表着浪漫风情、孤立在远离尘世的珊瑚礁上的高脚篷屋，也往往正是这些无权定居在陆地上，甚至在本地的巴沃水上村寨也不受欢迎的最下层的巴沃人家。

吊脚屋村庄的水上栈桥

6 德国

三千公里木与土，德国民居一条路

人们形容建筑是凝固了的音乐，那么有数百年上千年历史的古建筑就是音乐塑造的历史。在中国和日本等地，古代木头宫殿可以上溯几百年的沧桑。在欧洲，古希腊古罗马的大理石宫殿保留了一两千年的辉煌。虽然木头和灰石这类建筑材料在世界各地都能很容易地找到，用它们混合建造的木骨式建筑却成了西欧一带的特色。

木骨式建筑又被称为“半木式建筑”，是用木头构成房屋的整体骨架，用其它建筑材料填充骨架之间的空间而成的。木骨式建筑的一个明显外观特点是它们的木头骨架显露在外，没有灰石的掩饰。因而看上去土、木截然分开，骨为主体，土墙为衬托。更为突出的是它们

塞尔市的半木民居

的木头骨架特意在颜色上与灰墙形成鲜明对比，从而显得更加醒目。这样一来，木头骨架不仅是建筑的支撑和承重部分，还为房屋的外表增加了结构鲜明的几何形拼条图案装饰，形成了这类建筑独有的美学风格。

1990 年，为了保护这种特殊的传统建筑，德国成立了木骨建筑保护同盟。从北起易北河、南到博登湖，长达三千公里纵贯德国的“木骨式建筑一条路”上，有上百个大小城市和村镇加入了这一联盟。它们的木骨式建筑各有各的特色，争奇斗艳，组成了独一无二的德国特色旅游黄金一条线，也可谓是世界上最大的传统民居建筑博物馆。

半木民居的局部细节（一）

手持一张“木骨式建筑一条路”的地图，我驱车从易北河口的北岸出发，沿着宽阔的河谷南下，下萨克森州德国北部低地的风光一路相随。绿草茵茵的低矮丘陵缓缓起伏，一个又一个的小村庄坐落在田园上。木骨村居随处可见。

塞尔市离汉诺威市北面四十公里，是一个人口不到七万的小城。小城的近五百座各式各样的木骨民居漂亮非凡，令人目不暇接。漫步

半木民居的街景(一)

在塞尔的街道特别是中心小广场上，我就像走进了一座木骨式建筑的博物馆。那些一座挨一座颜色不同、高低错落、宽窄各异的木骨小楼紧紧地排列在一起，像在向人们争相展示自己的美丽。从它们的结构和外表上，还可以清楚地看到从十五世纪到十七世纪几百年间木骨式建筑风格的变迁。在第二次世界大战期间，塞尔在苏联红军的轰炸中几乎没有受损，因此，这些精美绝伦的传统民居如今能保存下来，童话般地展现在从世界各地前来观光的游客的面前。

地图指引我驱车穿过德国北部有名的吕纳堡石楠大草原，来到了小镇吕肖。在离它不远的地方有一个别具一格的圆屋村。十五座有点像仓房一样有着大屋顶的木骨屋整齐地环绕着一片草地，组成了一个圆形村落。据说这是中世纪早期典型的日耳曼－斯拉夫传统村落形式。在德国北部和波兰有一百来个类似的村庄里可以见到这样的民居，但吕肖的环形村落是保留最完好的一座。

在木骨式建筑的细节和装饰上，有不同地区的文化习俗和宗教特点，各具特色。德国的木骨式建筑可以分为北部、中部和南部不同的风格。

1990 年，当德国木骨式建筑一条路始建时，是从德国中部的黑森州开始的。因为这个地区的木骨式建筑的特色最为鲜明。梅尔松根、迪伦堡、伊茨泰因，一个又一个村镇里漂亮的传统民居让我目不暇接，觉得他们都算得上是童话里的村庄。

德国中部的木骨式建筑更为高大。木骨的结构和图案更加复杂、醒目。在排窗的四周墙壁上用“米”字、“木”字、对角线和“X”字形木条来加固墙体，形成了不同的几何形状。最上面是又尖又陡的房顶。据说在基督教的早期，“X”字是十字架的另一种形式，也是圣安德鲁的代表，因此又被称为“圣安德鲁十字架”。

在英格兰我也曾见到过很多木骨式建筑。它们通常为肃穆的黑白

半木民居的局部细节（二）

两色。而德国的木骨式建筑的色彩却非常丰富。特别是在木骨式建筑一条路沿途的村镇，也许是为了更吸引游客，民居的颜色更加艳丽。墙壁多以红、黄、橙等暖色调为主，配上褐色、黑色的木格架。这些各具特色的房屋高高低低地排列在中世纪的小街两侧，或者围绕在小广场的周围，组成了一幅幅既古老又质朴，既肃穆又活泼的美丽图画。

我最欣赏的是位于德国中部的小城沃尼格罗德，老城里有一个被木骨民居围起来的小广场。广场上最引人注目的是沃尼格罗德的市政厅。看上去与其说它是一座严肃的政府行政楼，不如说是一座像童话里的小仙女居住的精美的小宫殿。红底黑格子由圣安德鲁十字架组成，一条花边拦腰结在市政厅建筑的中央，托起弧形排列的窗户。两个哥特式高高的尖顶稚趣盎然肃穆不足。在市政厅四周围绕广场排列的木骨排屋上的木格架也都显得小巧精美、古色古香。

同样位于中部的另一小镇斯托尔博格的镇政府建筑要庄严得多。虽然它的建筑形状呈不规整的弧形，但木骨架中规中矩。窗户一溜排开，木架整齐，颜色稳重协调，显示出了政府的威严。斯托尔博格的

沃尼格罗德老城的半木民居

街道上的木骨民居各领风骚，毫不逊色于旅游胜地塞尔。但由于这里的游人比较少，环境安静，所以在这里更能体验到真正的德国古老小镇的风情。

从斯托尔博格镇穿城而过，沿着卡奈尔河谷进入黑森林地区，这里有大片的森林，肥沃的田野和结满果实的果园。二十六个木骨村散落在公路两侧。古老的教堂和城堡夹杂在其间。来到德国南部的巴登－符腾堡州以后，看到的南部的木骨式建筑的高度和体积更大，骨架更粗犷结实，骨架之间的空隙相对减少，看上去有些沉闷。不过据说在这个地区可以找到年代最久的木骨式建筑。

我没有太花时间寻找最古老的民居，因为从地图上发现德国木骨式建筑一条路最南面的一条岔道的西边就是法国的阿尔萨斯地区。其实，这个与德国西部接壤的法国部分也是欧洲木骨式建筑的传统代表地区。在地理位置上，阿尔萨斯地区算得上是“德国木骨式建筑一条

半木民居的街景（二）

路”的西部分支。在历史上，阿尔萨斯地区曾经在法国和德国之间几经易手，可以说是既姓法又姓德，文化传统、风俗习惯相互混杂。在建筑风格上也是融会贯通。木骨式建筑在阿尔萨斯是十分常见的建筑形式。在阿尔萨斯的名城斯特拉斯堡的老城里，各种形式的木骨民居令人目不暇接。

位于斯特拉斯堡的伊尔河分岔处的“小法兰西”木骨式建筑群秀丽优雅。它位于一个叫“大岛”的河心岛上。伊尔河在这里分支成了数条小运河，穿过了一片木骨式建筑群落。这些具有法兰西风格的木骨民居的色彩不太鲜艳，以黑色木架白色墙壁为主。但在排窗下放置了一盆盆红色、粉色的天竺菊，鲜艳的花草使得素色调的房屋变得明丽。它们的倩影倒映在绿色的水面上也别具一番风情。这片木骨式建筑在第二次世界大战期间曾被炸毁。1970 年斯特拉斯堡政府决定重建这些传统建筑，让它们重现当年的风采。现在这片丽水畔的木骨民居已成为了斯特拉斯堡著名的地标之一。

当我从“小法兰西”来到斯特拉斯堡的圣母大教堂广场，迎面看到古老的卡梅泽尔楼的时候，感到了一种深深的震撼。这座高大的中世纪古老建筑极为庄严地矗立在广场的一角，深得近乎黑色的棕褐色楼体在四周以白色、灰色为主的建筑的衬托下显得触目惊心。多层大量繁缛精美的木雕窗不但没有给它增加些许柔美，反而更显出了中世纪的神秘甚至肃杀。尤其是刚刚离开“小法兰西”，对那些秀美的木骨民居的印象仍历历在目，突然间出现在眼前的卡梅泽尔楼造成的视觉反差更加突出，不免有一种心灵上的震撼。

卡梅泽尔楼是中世纪神圣罗马帝国的遗迹，始建于 1427 年，是斯特拉斯堡保存完好的最古老的木骨式建筑，也是这个城市被联合国教科文组织列入《世界遗产名录》的项目之一。

斯特拉斯堡是欧洲的中世纪名城。在它的老城中心云集着大量的

半木民居的局部细节（三）

哥特式古老教堂建筑。让我感叹的是在这个威严肃穆的中世纪宗教和贵族的建筑群里，卡梅泽尔楼这座木骨式建筑也一反木骨式建筑的质朴和平民风格，变得气派不凡了。

我用了一周的时间沿着“木骨式建筑一条路”一路走来，三千公里的穿村走镇，看不尽的异国民俗，最后，在斯特拉斯堡画上了一个超凡脱俗的句号。

斯特拉斯堡的卡梅泽尔楼

第二篇

以石为材，经久传承

在自然界提供的建筑材料中，石头是人类找到的最好的建材之一。更重要的是，由于石头的坚固，现在我们能找到的最古老的民居都是用石头建造的。从原始的洞穴到现代的石材民居建筑，石头不仅是最坚固的建墙材料，也可以作为屋顶的瓦和墙上的门窗。欧洲是石材建筑最多的地区。数千年的欧洲历史不仅为人类留下了大量的大理石宫殿、城堡和教堂，也留下了极具特色的干石建筑和半木半石建筑的民居。如果说大理石的宫殿是王公贵族在历史上留下的痕迹的话，那么碎石垒就的民居就是普通人在历史上走过的脚印。

7 意大利

回归洞穴，体验原始的人类遗产

我的眼前是一面像蜂窝一样布满洞穴的岸崖。一条称为格拉维纳的小河千万年来以不屈不挠的毅力“挖”出了这条河谷，也留下了河岸上高高的石灰岩岸崖。玛特拉城就坐落在那岸崖顶上。公元前三世纪时，古罗马帝国修建了玛特拉城。在后来的两千多年里，它经历了撒丁人、拜占庭人、神圣罗马帝国和诺尔曼人的统治，也饱受了瘟疫、地震的摧残。现在是意大利南方众多的古老城池之一。然而，如果不是现在匍匐在它的脚下的那片满目疮痍的古老岩洞穴居群，位于“意大利靴子”脚心上的玛特拉城恐怕不会有那么大的名气。

洞穴民居的废墟

在意大利语里人们将那片洞穴群称为“萨西”。它是石头的意思。在有历史记载以前人类就在这里掏洞栖身。几千年的人类繁衍让山崖上的洞穴越来越多，穴居的主人却一成不变地在里面过着原始的生活。直到 1945 年，一位被法西斯独裁者流放到玛特拉的意大利作家写了一本书，描述了他在那片洞穴群见到的情景：一家三代二十多口人和他们的牲口一起挤在一个山洞里。最基本的卫生条件的缺乏造成疾病肆虐，特别是疟疾横行。见到来访的人，那些可怜的孩子张开小手讨要的不是糖果，而是治疟疾的奎宁。

这本书在战后的意大利全国上下引起了轩然大波。人们认为如此不堪的居住和生活条件是国家的耻辱。意大利政府为此采取措施，在几年内把两万名仍在洞穴群里居住的村民迁移到了附近新建的村庄里。从此“萨西”人去洞空，成了山崖上千疮百孔的废墟群。

1993 年联合国教科文组织把有几千年历史的玛特拉穴居遗址列

远看玛特拉城

入了《世界遗产名录》后，虽然当地政府制定了相应政策，鼓励投资保护和维修萨西洞穴，但感兴趣的人寥寥无几。除了一个又一个电影导演被那里难以言表的破败苍凉和貌似史前遗迹的模样所吸引，屡屡把那里用作电影的外景地之外，很少有人记得这片玛特拉人祖先的家园。

可是我的同事美莉莎去年竟然把它选作了新婚度蜜月的地方，千里迢迢地从北美跑到意大利的玛特拉去寻找她的“洞房”。美莉莎回来后对自己别出心裁的新婚经历津津乐道。这也是我这次来意大利旅游特意想亲眼看看她的“西维塔洞穴酒店”的主要原因。

临行前我特意将梅尔·吉布森拍摄的《基督受难记》看了一遍。影片里复杂的宗教历史故事搞得我一头雾水，但它的背景——玛特拉的石窟群却给我留下了深刻的印象。

一把大铁钥匙打开了我在西维塔洞穴酒店预订的客房。老旧厚重的木门吱吱扭扭地被关上后，玛特拉夏日午后强烈的阳光被关在了身后，眼前出现了一座被二十多支昏黄的蜡烛照明的洞穴。它不是一个自然的山洞，有六米宽，二十米深。五六米高的洞顶上，从外到里有好几道石头拱廊，里面被墙或柱子隔成了互通的四个空间，分别被当作卧室、客厅和卫生间。

改造后的洞穴酒店内部（开放式客房）

墙上没有做任何粉刷装饰，坑坑洼洼地布满了大小裂纹，一片黄一片黑的都是年代久远留下的痕迹，有点像一幅中世纪留下来的干裂的油画。地面铺的是卵石，因常年的踩踏变得很光滑，但凹凸不平。一张旧式的大木床摆在醒目的位置上，上面铺盖着熨烫得平平整整的白色粗布床罩。一条木凳靠墙放着，上面有绣花的坐垫。一个老式的柜子有些歪斜地摆在一边，表面的黑亮显然不是油漆，而是岁月的涂抹。

洞穴深处的一面矮墙背后是卫生间。据说浴缸竟是当年牧羊人饮牲口的大石头槽子。如今它被摆在那里，在旁边的一个小石台上放着的一把野花和一只摇曳的蜡烛倒让这石头槽子有了几分温馨浪漫的情调。

四下里非常静。没有一般的酒店客房里少不了的电视机的喧闹，也没有电话。在二十来支蜡烛的包围里，这洞穴就像一个时间隧道，带着客人回到了“原汁原味”的中世纪意大利的穴居。

改造后的洞穴酒店内部（卧室）

这正是酒店的主人和设计者丹尼尔·科尔根所希望提供给它的客人的独特体验。科尔根的家庭是米兰的一个大建材商。水泥为他的家族带来了巨大的财富。但谈起当下意大利的建筑业来，他却对到处都在滥用水泥而相当愤慨："人们把水泥浆倾倒得到处都是。现代丑陋的水泥建筑包围了罗马和那不勒斯那样的千年古城。南方那些美丽宁静的绿色山丘上越来越多地出现了不伦不类的水泥别墅。到处都是无序、无规划的发展。意大利独有的古老文化景观和传统生活方式一点点地变成了废墟，被遗弃、消失掉了。"

把科尔根叫到玛特拉来的是一个十五岁就因追求艺术而离家出走，从德国的柏林独自跑到意大利的穷乡僻壤来的女孩玛格丽特·博格。她在玛特拉一待就是二十多年。这片"萨西"废墟独特的苍凉吸

建在峭壁上的民居

引着她，是她经常去作画的地方。久而久之，她产生了将这里改造成一个洞穴酒店的梦想。为此，玛格丽特曾经找了好几位意大利有名的建筑师述说自己的创意和计划，但没有人被她所打动。后来她找到了科尔根。

一周以后科尔根来到了玛特拉。只看了一眼，他就做出了决定：我来设计这个洞穴酒店。

其实，在玛特拉的“萨西”群里，除了大量的、极为简陋的原始洞穴外，还有一百五十多个大大小小废弃的洞穴教堂。它们多为七至九世纪本笃教修士的修行场所。其中，小的仅可作一个人的藏身洞，大的有复杂的建筑结构，如大厅、拱廊和很漂亮的穹顶。修士们在穹顶和墙壁上往往还留下了不少宗教壁画。但是，所有这些在科尔根着手修复时都已经成了废墟。洞穴内部都是空荡荡的，地面落满了碎石和瓦砾。

科尔根看中了废弃洞穴教堂典雅的穹顶和拱廊。他投资了近两百万欧元，与合作者一起用了两年的时间建起了十八间档次不同的洞穴客房。不论是简陋的穴居，还是漂亮的拱顶洞房，改建都遵循同一个原则：整旧如旧。力求保持洞穴的中世纪原貌，绝对不能把酒店建成只有古旧的外壳，内部却与现代化的酒店客房无异的假“萨西”。

为此，他和建筑师没有采用随手可得的现代化建筑材料，而是千方百计寻找和回收利用原有的材料。他们从瓦砾堆里一块块捡回墙上的石头，在废墟上寻找可用的门窗。对残破的墙壁，他们没有粉刷灰浆掩饰，反而一点点刮掉在漫长的岁月里一代又一代的主人抹上去的层层墙灰，直到露出最原始的那层没有任何装饰，只有烟熏火燎得黑一片黄一片的石头墙。

室内的陈设是他们多次到地区的民俗博物馆取样，并且走访了周围一个又一个的村落征集老人们的意见以后设计出来的。不少老旧的

改造后的洞穴酒店内部（客厅）

家具是玛格丽特在四五年的时间里在周围的村落四处收集来的农家古董。有些客房床上的床罩是村妇们在箱子底藏了多年的老嫁妆。

科尔根他们一丝不苟地复原出来的洞穴古居显然不是为了只追求现代化生活的奢华和排场的游客准备的，也不适合在生活中一刻也离不开手机、计算机、电视和互联网的人。在这些洞穴陋室里只有宁静，只有与闹世的隔绝。客人们得到的是深深的怀旧情感，是物质之外的沉思冥想。

清晨，我打开了房间的那扇黑乎乎的木门。阳光倾泻了进来，照亮了岩洞的角落。那几道典雅的石头拱廊在地上投下了优美的弧影。斑驳干裂的墙上呈现出了一种蜜色的柔和色彩。地面上的卵石在阳光下凹凸起伏，也变得更立体漂亮。

改造后的洞穴酒店内部（壁炉）

就像从一个长长的梦里醒来，我走出房门来到岩洞前的平台上，深深吸一口山区早晨清新的空气，看着脚下绿色的山坡和河谷。隔壁岩洞里长长的木桌上已经为客人准备好了简单但绝对新鲜的早餐：烤得金黄的面包、新鲜的牛奶和新榨的果汁，以及本地的蜂蜜和自酿的果酱。时光似乎仍停滞在了五六百年以前，只是少了对生计的忧虑，多了对生活的赞美。

8 废墟村，艺术之宅

意大利

五十岁出头的路易莎一袭红衣，柔和的法语中带着明显的意大利口音。她用优雅的手势向我介绍着自己培育的花草，举手投足就像站在欧洲上流社会高贵的沙龙里。然而，在她的身后却是一片断壁残垣和乱石垒起的小屋。这里是她一年中会居住八九个月的家——布萨那废墟艺术村。

布萨那艺术村的前身是布萨那老村，它位于意大利北部的利古里亚大区、阿尔卑斯山余脉与地中海相遇的地方。从山下望去，布萨那老村与这一带常见的中世纪留下来的古老山村没什么两样。它们都是各自占住一个山头，以一座小教堂为中心，四周依山势的起伏簇拥着村民们红顶石墙的小屋。它们冷寂、沧桑，有一种与山下的花花大千世界相隔绝的古风。不过，如果定眼看，路人便会发现眼前山上的这个村庄的不同：虽然村舍高高低低的石墙仍在，却难见那上面的红顶。而且，在许多房屋的窗户上本来应该挂着窗帘的地方，透出的却是背后的蓝天。

原来，曾有着一千多年历史的布萨那老村是一片地震废墟，已经被它的村民们遗弃了近一个半世纪了。

1887 年的 2 月 23 日的清晨六点刚过，一场波及了整个利古里亚地区的大地震发生了。顷刻之间，村子里处处房倒屋塌。地震过后，布萨那村满目疮痍，到处都是摇摇欲坠的断墙和屋顶。

1894年的耶稣受难主日是布萨那村的千年历史上最悲壮的一天。它正式被从意大利利古里亚的行政区中除名了。全体村民在地震的废墟上向先人告别，然后扶老携幼，在肃穆的《主的荣耀》的圣歌声中放弃了祖祖辈辈的家园，走下了山。从此，布萨那老村成了废墟，断壁残垣任风吹雨打、杂草丛生。

又是半个多世纪过去，老一辈的人陆续离去。1959年，当一个叫克里西亚的画家走进这片废墟的时候，山顶被野草掩盖的老村子已经被人们所遗忘了。

克里西亚在无意之中发现了孤立在山头、被杂草掩埋的废墟村。

布萨那村里保存尚好的教堂钟楼

四周一片寂静，静得似乎听得见阳光洒落在杂草上的沙沙声。克里西亚并不了解这处废墟的历史，也不知道它为什么变成了万户萧索的鬼村。在这位画家的眼里，东倒西歪的断墙、没有屋顶的残屋是最不同寻常的作画题材，静得令人毛骨悚然的废墟任他发挥出无尽的艺术想象。他在这里找到了一种可以称作是悲情浪漫的情调。一个大胆的想法由此产生了：在这个与世隔绝、没有任何人打扰的废墟中建一个画室，任艺术的精灵在这里自由的飞翔。

克里西亚把自己的想法告诉了在圣雷莫结交的画家朋友万尼，马上得到了他的响应。万尼又找来了自己的朋友、诗人吉欧瓦尼。于是三位艺术家在废墟里找了一处相对完好的民居安顿了下来。被遗弃了半个多世纪的布萨那老村从此有了人气。

很快，三位艺术家在布萨那废墟安营扎寨的消息在当地的艺术圈里不胫而走。于是，又有几个搞艺术的人来到这个无人管辖、各取所需的地方，来尝试一种独特的波西米亚式的生活方式。其中，有的人是为了追求一份浪漫情调；有人是为了享受自由自在的环境；有人是凭着对另类生活的好奇；另一些人是寻找一份清静。

断壁残垣上的艺术雕像

路易莎也是在初期来到艺术村安家的人之一。她看中的是这里的安静。路易莎是一位作家。写作之余，她喜欢一个人静静地听音乐。李斯特的钢琴曲是她的最爱。当她对我讲起她们这些废墟艺术村的元老们当初在这里创业的情景时，我真的很难想象这些拿画笔和琴弓、

废墟村里的小街

痴迷在至美至圣的浪漫中的艺术家们，是怎样整天踯躅在瓦砾堆上、徘徊在断墙破屋间，一点点地清理出自己的落脚之地的。他们堵住墙上的破洞，搭起挡雨的屋顶，驱走出没的虫蛇，然后蜗居在陋室里，开始自己的艺术创作。尤其是那些只能用蜡烛照明的夜晚，寥寥几个艺术家在只有月光的废墟里，既无光线可写诗作画，又无电源可听音乐看电视。五步之外烛光不及的地方全是绰绰鬼影般的断壁残垣。他们是如何度过这些创作之外的时光的呢？

路易莎笑了笑说：“的确，那是一段浪漫得让人恐怖的日子。夜晚的黑暗让人毛骨悚然，而白天也并不舒服。缺乏最基本的生活设施，自来水、电和污水处理设施都没有。幸好我们在村头找到了一口压水井。那里也理所应当地成了大家聚会和交流的地方。”这个水井也是村子里除了碎砖破瓦外唯一的共享资源。

尽管简陋之极、条件十分艰苦，但对于许多迷恋艺术的人来说，这里有许多让他们着迷的东西。废墟村独一无二的神秘浪漫情调和自由自在的状态，让越来越多的艺术家们从欧洲各地慕名而来，意大

废墟村里的一处甬道

利、德国、法国、英国、荷兰、奥地利和塞尔维亚，画家、雕塑家、陶艺家、作家、诗人、音乐家、演员、设计师甚至珠宝匠。所有来此安家的人都没有必要征得他人的同意，就可以在废墟中给自己找一块地方安身。他们搭一间小屋，或者在村里的两个“公共创作室兼画廊”里展览自己的作品。而这废墟画廊不过是两处比较宽敞，同样少顶缺墙的残屋而已。

应该说，这些以自我意识极强著称的艺术家们居然能够齐心协力在废墟上共建家园实在是个奇迹。那时候，在这里生活什么都缺，他们之间常常是你今天给我一个面包，我明天给你一包盐。当然，这些不拘小节的人之间吵架甚至打斗也是常事。

村头的水井边一直是人们天天见面，在一起聊天的地方。来自各国的艺术家们用法语和英语交流。有时候往往聊着聊着就变成了脸红脖子粗的争吵。大家操着各自的母语吵成一团。那时除了各自专心创作以外，他们常常登上村子最高处的房顶，默默地看着不远处蓝色的地中海，或者在烟雾缭绕的小咖啡馆没完没了地谈艺术、争论文学。

废墟上的一处人家

在路易莎精心建立的一间“废墟艺术村历史展室”里，我看到了几张当时拍下的黑白照片。那些年轻的和不太年轻的艺术家们身着可以被称作“睡衣”的便装，或者光着膀子，歪歪斜斜地站在断壁残墙前面，显得很是“没形”，但他们的自在无羁却活生生跃然“纸上”。

在村子里四处漫步时，我很能理解艺术家们从伦敦、巴黎和其它条件优越的大城市的画室来到这座废墟村安家的选择。想象一下那些见惯了灯红酒绿、嘈杂喧闹的大都市的人来到这里时的情景：中世纪村落本来就有的肃穆与简朴，再加上断壁残垣的凄美沧桑，让人如同走入了隔世的梦幻之中。从坑坑洼洼的小巷旁边几阶不方不正的石阶，到用参差不齐的石块砌成的拱廊；不论是在断墙上开出的小门，还是在残壁上留出的小窗，路边一盏孤灯、门前一盆野花，处处可见残缺之美。让人怦然心动的生活小情调从震撼人心的死亡大悲情中呼之欲出，艺术创作的火花在每一块断壁残垣后若隐若现。这些不正是艺术家们寻觅的灵感之源吗？

路易莎的沙漠之花花园

在一片各显其能的创作热情中，路易莎有了修建一座“废墟花

园”的主意。她要造一座在其它任何地方都见不到的最独特的花园。意大利的庭园艺术有着非常悠久的历史，几乎在这个国家的所有地方都可以见到古罗马时期留下的花园。那些已经被岁月磨蚀得模糊不清的雕塑，以及被风雨雕刻得失去棱角的廊柱和喷泉池，在盛开的鲜花中闪耀着古老典雅的文化艺术魅力，是意大利对世界文化的重要贡献之一。作为意大利的女儿，路易莎设计的是一座废墟上的“沙漠之花花园”。

在她的引导下，我穿过长满青苔的小径，登上用碎砖垒起的只够一个人侧身而过的石阶，又跨过一座跨越狭窄的小街的天桥，每个台阶边，每一处拐角，目光可及的地方都摆着栽种在土陶器里的奇花异草。它们与断壁残垣交相呼应。我在草木成荫的废墟中转来转去，不知道是怎样登上了花园最高处的露台的。地中海炽烈的阳光一下子无遮无挡地洒落了下来，眼前又是另一番景色。村子小教堂的钟楼正在眼前，在明亮的阳光和远处深蓝色的大海的衬托下，它褪尽了废墟的蒙尘，尽显古巴洛克的典雅。露台上的盆盆罐罐里摆满了我从来都没有见过的仙人掌类的花草。每一种都让人称奇。这是路易莎在二十多年里从世界各地收集来的珍稀品种。为了照管它们，她还特意聘用了一位园艺师。

对于路易莎这样为了寻找宁静而来的废墟村老住户，旅游者是一种烦扰，对另一些为了寻找商机的人，他们却是福音。在村子里四处转悠的时候，我清楚地感到了这一点。一位趿拉着一红一绿两只拖鞋、穿着沾满油彩的工作服的画家，在我举起照相机的时候他毫不客气地砰的一声关上门，以表示不满；一位笑容可掬的画廊老板，在我探头探脑地犹豫时热情地开门，请我进来参观；住户的孩子们吵吵嚷嚷在小胡同里骑自行车；骑着摩托车的时髦青年在街道上急驶而过。布萨那老村，除了那些被全体居民精心保护的断壁残垣、破屋漏室和仍被杂草掩埋的较僻静的角落外，它的居民现在已是各色人等，浓厚的艺术气氛中也不可避免地被渗透了金钱的气味。

实际上，游人的烦扰和商业的侵入并不是最令人头疼的事，真正让布萨那废墟村的全体住户烦恼，可以让他们同仇敌忾的是另一个对这个正在复兴的废墟村开始感兴趣的人——意大利政府。

二十世纪七十年代，废墟艺术村的名声越来越大，再也不是几个艺术家的临时创作之地了。随着意大利经济的发展和地中海沿岸旅游业的开发，这一带的地价和不动产的价格飞速增长。布萨那老村的地理位置使它变成了一块极有价值的地方。

当地政府对废墟艺术村的住户下达了驱除令。然而当执行法令的警察来到这里的时候，发现面对的是站在路障之后的全体村民和他们请来的各国的媒体记者。为了避免冲突，警察只好放弃了驱除行动。从那时起，废墟村的村民们便开始了拯救自己的村庄的各种努力。

废墟艺术村的住户为使自己居住合法化的抗争是一场持续了二十多年的“马拉松”。　二十多年的抗争，无休止的上诉，村民内部永远无法统一的意见和没完没了的讨论让人们烦不胜烦，精力和金钱的消耗也让人筋疲力尽。于是，感到前途无望的老住户卖掉了自己的创作室和画廊一走了之。抱着拖下去总能找到解决办法的希望的新人接手了这些房子，开始了新的事业。而那些以艺术为重的人干脆对现实不闻不问，重新埋头去搞创作了。当我问路易莎她对何去何从有什么打算时，她叹了一口气说：“其实我已经好几次萌生了离开这里的念头了。这里已经被络绎不绝的游人和打着艺术的旗号的商业经营搞得面目全非了。可是我真的舍不得这里在旅游旺季之外还尚有的宁静，舍不得自己一点点建起的废墟花园，还有那两只每天都要来我的小屋上方盘旋的山鹰。”

我离开布萨那废墟村的时候，夕阳正在把老教堂残存的钟楼塔尖染红。断壁残垣也都披上了一层温馨的暖色。村头的空地上随便摆设着几件塑料小滑梯和儿童娱乐器械。一位年轻的父亲在带着几个小孩玩耍。这些在废墟村生长的孩子，他们的前途会是怎样的呢？

儿童在狭窄的小街上玩耍

9 瑞士

巴沃那，石头沟里的石头村

虽然我到巴沃那沟来之前已经在地图上把路线好好地研究了一番，但在沟口的公交终点站下了车后，我还是有点找不到北。在安静的村子里转了一圈，除了一对也是刚下车，正在四处找路的老夫妻外，不见一个人影。从他们的口中我才知道，唯一一趟进这条山沟的公交车三天前已经因进入冬季而停止运营了。好在几十里的山路对我来说不是什么问题，于是我抓紧时间拔腿向山沟里走去。

巴沃那沟位于瑞士的提契诺州。它是提契诺州的三大山谷之一的玛吉亚山谷深处的一条很小的侧支。要不是一个住在当地的朋友的推荐，我肯定不会找到这个“鸟不拉屎”的山旮旯来。朋友说，你喜欢传统民居，那你一定青睐巴沃那沟里的石头村。

是的，我是专门为那些传统石头民居来的。但是走进沟里的第一个印象是：这里真不适合人类居住啊。满目所见都是滚滚乱石，它们填满了穿过沟底的巴沃那河的河床，堆满了山沟两侧山崖的脚下。树倒是不少，但都是从石头缝里长出来的。四处静得只有流水声。鸟鸣啾啾不见一个人影。

不过我马上就发现这里并不是荒无人烟的人类文明不毛之地。因为每隔上一两里的距离，路边就出现一座小小的圣母玛丽亚的圣龛。她们默默地守在那里，让这条萧索得有点让人心慌的山沟有了些许人气和宁静。

巴沃那沟和里面的石头村

历史资料上说，从当地的考古发现的墓地看，在公元前就有人在这条山沟里居住。那时人们靠打猎和放牧牛羊为生。十六世纪时地球曾经历了一个小冰河期，阿尔卑斯山区冬季变长，夏季降水增加，从而频频引起山洪暴发、山崩和泥石流等严重的自然灾害，毁坏了居民宝贵的耕地和生活资源。因此，人们被迫搬出了山沟，他们的生活方式变成了游牧。夏季把牲畜赶进沟里放牧，牧人就暂时住在沟里原来的老房子里。入冬后，人畜都到沟外的村子里过冬，山沟里没有任何人烟。因为人们不再对沟里的老房子进行修缮维护，它们逐渐残破，村庄也逐渐荒芜了。巴沃那沟里的一切被冻结在了六百年前。

这是一条号称是阿尔卑斯山区垂直高度最深的山沟，二十公里两侧都是高达千米的花岗岩峭壁。沟底到处可见两人多高的巨石。它们都是在一次次的山崩时从山上滚落下来的。进沟的小公路就在这些乱石中蜿蜒穿过。据称山沟里共有十二个小山村。其实，它们达不到村

山沟里一座孤零零的小石屋

庄的规模，只不过是几户人家在抱团取暖，凑在一起居住而已，称为定居点更合适些。

这些定居点的人家少的只有两三户，大的也不过二十几户。房子都是石块砌成的，从头到尾都是石头。墙是由大小不等的有棱角的石块高低错落砌筑的，有的用灰浆砌接，有的完全没有任何黏结材料，就只是靠石头之间相互支撑的“干石墙”。砌墙的石块什么颜色都有，斑斑驳驳。门窗是在墙上留出的洞，镶上一个木头框子。房顶上以石片为瓦，这种“瓦”薄厚不均，实际上是一些扁平的石块，因此，让屋顶显得十分厚重。烟囱是每家每户必不可少的部分，不论是立在屋顶上的，还是建在墙边的，修建得似乎都比窗子更精心些。石头上的青苔时间久了变成了黑色，像被火烤过。一切都是原始的、粗粝的和极其简陋的。如果不是有些人家门前摆放的一盆鲜花，或者从房檐下垂下来的一条藤萝，这些石屋有点像废墟，很难想象还有人居住在里面。

还有更让人唏嘘的是一种称为斯普鲁的石头蜗居，据说它们是巴

山沟路旁一座有圣母像的老石屋

沃那最原始的传统民居。实际上斯普鲁应该被称为石窟，它们或者依巨石而建，或者在巨石下方的空间，或者在两块巨石之间的缝隙里，利用巨石为顶，为墙，其余部分再用较小的石块砌出半面墙封闭起来，形成一个可栖身的空间。在现代游人的眼里，这种简陋到极致的石窟可能被赞为标新立异，构思巧妙，但它们却反映了六七百年前阿尔卑斯山区人民生活的原始和艰苦。

提契诺州位于阿尔卑斯山南麓，是瑞士的意大利语区，并与意大利为邻。这里的景色与瑞士阿尔卑斯山腹地已浑然不同。提契诺州的首府卢加诺市依山傍湖，棕榈婆娑鲜花盛开，到处是浪漫的意大利风情。而离卢加诺不到三十公里的深山里的巴沃那沟却如此原始荒蛮，真令人感叹。

如果说在巴沃那沟里最不缺的是石头的话，这里最稀缺的则是土壤，是可以耕种的土地。满地满坡的乱石中几乎见不到巴掌大的一块土地。覆盖在石头上的一层薄土看上去只够生长一层青苔的。走在山沟里，我一路感叹着路边那些树木顽强的生命力。它们全都是从石头

石头村里整修过的小石屋群

缝里钻出来的。尤其是一片片的栗子树林，已是深秋，遍地都是金黄的栗子树叶。仔细看，还有许许多多爆裂出来的栗子。栗子树被当地人称为“生命树”。过去它是这山沟里的山民整个冬季里的主要口粮。而夏季里他们要尽量种植一些谷物。在这条山沟里，可耕地的面积不到百分之五。为了在寸土寸金的石头沟里耕种粮食，山民们想出了各种各样的办法。

首先，定居点的小石屋都是建在石头堆上，为的是把稍微平整一些，有些土壤的地方用来作为耕地。沟里好几个小村子就坐落在古代山崩留下的滚石坡上。

然后，他们用石头垒成小块的梯田，拦出小片的草地，并围绕着定居点修筑出长长的石头矮墙和水渠。过去这些地块是播种黑麦和马铃薯的。如今这些绿茵茵的草地美化着简陋和色彩单调的小石屋群。

更有甚者，巴沃那沟的山民还独创了一种“悬空菜园”。他们在巨石上先凿出石阶，然后运来一捧捧土铺在巨石顶上，像这样生生在巨石上开出一小块菜地来。他们用这种独出心裁的方式既增加了耕种面积，又可以防止野生动物和放牧的牲畜啃食农作物。巴沃那沟的自然条件是恶劣的，为了适应恶劣的自然条件，巴沃那人的招数也是层出不穷。

我沿着小路穿行在山沟里，正午的太阳已经爬到了山顶，就要落到高高的峭壁后面去了。山沟里却还残留着清晨的凉意。一阵阵轰轰的水声越来越清晰，弗罗格里欧村到了。

弗罗格里欧村位于巴沃那沟的中部，是沟里的主要村落之一，实际上弗罗格里欧村就是最初吸引我找到这条山沟来的那幅画——一幅现代社会罕见的中世纪乡村风情画。村口的大栗子树仍是一树金黄。二十几座简陋的小石屋围绕在一座同样简陋的乡村小教堂周围，黑乎乎的石片瓦与小教堂粉刷过的白墙形成了鲜明的反差。村边不远的地方有一条从百米悬崖上跌落下来的大瀑布，它是弗罗格里欧村的标志。走过村口的小木桥，迎面是一个名叫弗洛达石窟的小饭馆。饭馆

用乱石垒的小块菜地

外面的一块平地上有两个工人不紧不慢地敲着石头，像在雕刻一座木雕。他们准备在这里建一个小广场。工人说："这是传统的手艺，我们从不用灰浆砌墙，石头们可以自己挤在一起。"

尽管巴沃那沟保留着几百年前的原始风情，但它还是有些发展的。自从十六世纪原住民搬出了山沟，他们的小石屋被逐渐遗弃，与世隔绝了几百年，直到二十世纪五十年代提契诺州决定在巴沃那沟的最终端的大冰川修建一座高山水电站。因为这项工程，终于有一条小公路修进了山沟里。这是几千年来沟里的第一条公路。在这以前进山沟都是要靠骡子的。

这条公路为沉寂了几百年的山沟带来了些许外来的生气。来自北方德语区甚至德国的人特别看中了提契诺州山谷里的宁静和"原汁原味"，有些人买下了巴沃那沟里的古旧的小石屋加以修缮改造，作为自己的度假别墅。这让那些几乎是断壁残垣废墟般的村落变得不那么荒蛮了，甚至冒起了炊烟。不过，修缮后的房屋并没有改变石头村落的原始风貌，只是改变了它们破败的面貌。

村边从悬崖上跌落的瀑布

我在弗罗格里欧村的古朴小屋之间徘徊。窗台上的盆花和门边晃动的风铃让古朴寂静的村落并不缺乏生活的气息。不论从哪个角度都可以看到瀑布如白链般舞动在小教堂钟楼的尖顶上。这一幅如诗如画般的画面中，缺的只是夜晚从那些小小的窗口透出的灯光。

然而，夜晚没有灯光正是这条山沟的最大特点。因为巴沃那沟并没有通电。在这个称得上世界上最富裕最发达的国家之一的瑞士，连公交车都覆盖了大山里的每一个偏僻角落，竟然还有这样一条从来没有通电的山谷。住在山沟里的人，不论是祖祖辈辈生活在这里的原住民，还是从苏黎世那样的国际大都市来此度假的富人，一律是用蜡烛照明，用木柴取暖，用煤气罐做饭烧水。生活条件最好的，也仅是屋顶有几片太阳能板发电，为自己断断续续提供些最基本的电力。当然电视、计算机、互联网、手机这些现代人生活中必不可少的物件在这里都失去了作用。

其实巴沃那沟不是没有通电的条件。在山沟的尽头的水电站可以

弗罗格里欧村

为一个小型城市提供充足的电力。但是巴沃那沟的村民们似乎对电力需求并不特别迫切。也有居民提出过拉一条输电线的想法，但大家讨论来讨论去最后就不了了之了。村民们说：“我们已经习惯了没有电的日子，并不因此感到什么不便的。再说了，没有电还可以让我们体验祖先的生活，也是一种寻根的方式。”他们无法想象在这些停留在六七百年前的石头小屋里亮起电灯和响起电视的情形。

就让这些小石屋在圣母的庇护下，守着那些大石头，听着哗哗的河水和瀑布，伴着那些斯普鲁、那些悬空菜园和那些古老的栗子树，静静地待在它们自己的时光里吧。

石头小教堂和民居

10 居住在石头要塞村里的人们

意大利

小教堂的钟声不紧不慢地敲了十二下，是正午时分。村子里静悄悄的，不知从谁家飘出来的葱头浓汤的香气。一家的木门吱扭扭地响了几声，走出来一位满头白发的老奶奶，用手里的一个废牛奶瓶子给门口的几盆花挨个浇了点水。看到我，她友好地笑了笑，说了一句意大利语。

这个叫“多拉塞卡”的山村位于意大利北部利古里亚大区的奈尔维亚山谷，靠近法国边境。这里是阿尔卑斯山南端与地中海相遇的地方，海拔平均七八百米，地势并不险峻。一条又一条的山谷从地中海沿岸开始，向着深山延伸而去。奈尔维亚就是其中的一条。一条小公路沿山谷一路往上走，曲折蜿蜒，时而爬上山顶，时而滑进谷底。满山坡的栗子树郁郁葱葱。湛蓝色的地中海在树林间隙时隐时现。每隔几公里，就可以见到一个小山村，给我带来一个个的惊喜。

它们是地道的意大利山村，朴实无华，不是打扮了给游客观赏的，而是几百年一成不变地作为意大利山民栖身的家。在深绿色的大山的怀抱里，这些就像被现代世界遗忘的中世纪小山村引起了我的极大兴趣。它们有的占据一个山头，几十座石头房子重重叠叠聚成一座气势雄壮的石头村堡；有的只有几户人家，静悄悄地隐藏在一座山崖的背后。不论村子大小、形态如何，它们都保持着相同的姿态：自卫御敌。

村堡里难得的庭院

在中世纪，意大利北部地中海沿岸的村落经常会遭到南下的日耳曼野蛮部族、北上的萨丁海盗和阿拉伯摩尔人一波又一波的骚扰，长期处于惊恐不安之中。躲避战乱和海盗的袭击成了这一带村民经常要面对的问题。山头为人们提供了最好的栖身之处，特别是在地势险要的悬崖峭壁上，不仅难攻易守，还是很好的观察哨所。因此，这些避祸的山村往往都建在可以方便观察山谷的山头，有的扼守入谷口，有的藏身在巨崖的背后，有的盘踞在险关峭壁上。从海上来的敌人进山时一般不容易看到山谷深处隐藏的山村，但位于山头的村民却可以不动声色地观察来犯的敌人。

陡峭的山坡和遍地的石头限制了村落的格局。为了在极有限的面积上修建更多的房屋，这些山村完全是见缝插针。房子杂乱无章地挤在一起，显然没有任何的格局规划。它们或者沿山坡在不同的水平面上围成环形，或者上下错落地挤在一块巨石上，或者拉成一排建在山脊上面。无一例外，在村子的最高处、最重要的位置上矗立着一座教堂。它是整个山村的灵魂所在。在较大的村子，教堂边还会有一座某位贵族的城堡或要塞。从外部望上去，山村如同山头上的一座坚固的城堡，有一种令人震撼的苍凉之美。

一路上遇到的山村大小不等。这个多拉塞卡村曾经是中世纪马克萨特王公的领地。一座建于十二世纪、非常雄伟的石头城堡高高地矗立在山头上，俯瞰着脚下依山势层层而下簇拥在一起的石头民居。仅仅这古堡就已经气势非凡了，更有一座同样古老的单孔石桥横跨在穿过山村的圣罗克河上。这座跨度三十三米的中世纪石桥虽然斑驳苍老，但不失秀美。它的流畅的拱形曲线与山头上古堡见棱见角的石墙碉楼相呼应，给予了多拉塞卡村独特的魅力。当年法国印象派大师莫奈在地中海沿岸采风时曾经路过多拉塞卡村，立刻被这座古老的石桥和边上的古堡所吸引，在他的画作上留下了它们的倩影。

我有些得意自己也有“大师眼光”，在走过的好几个山村里看中了多拉塞卡，所以决定驻足观光一下。走过了老石桥，我从一个又高又窄如墙缝一样的入口走进了这座要塞般的山村去内部看个究竟。马

所有的村堡都建在一个山头上。房屋层层叠叠围绕着小教堂

上我发现自己陷入了一座阴暗的迷宫。左拐右拐弯弯曲曲的小巷有时窄得只能侧身而过。小巷边忽东忽西地伸出一些石头台阶把人带进一个几米见方的小天井或者一个隐蔽的角落。有时候，在一个路口还会发现其上下左右前后出现了五六处岔路，有的是一条向上的窄石阶，有的是一个只能弯腰钻进去的暗道，有的是旋转到不知何方的陡坡。台阶上有住家门，台阶下也有住家门。村堡里除了几处可以见到头顶天空的地方，大多数都终日黑暗，点着昏黄的路灯。尽管现在为了方便外来者，小巷甬路的地面上都标着指路的箭头，我还是像遇到“鬼打墙”似的在同一个街区转来转去地重复走了三遍。

多拉塞卡村的老桥头

这样的悬崖村格局对御敌的确万无一失，但对居民本身来说生活也显然不大方便。他们外出归来的时候不说“回家”而说“上山去”，很形象地表达了回家的不易。当我在村子里转悠时偶然见到从山下商店购物回来的女人拎着大包小包的东西，一阶又一阶慢慢地“上山”，不禁为她们感叹。

人们外出归来不说“回家”而说“上山去”

也许是受到莫奈大师的影响，多拉塞卡村里有不少小画廊。除了油画外，还有当地特有的玻璃工艺品和马赛克壁画等。最醒目的主题自然是那座多拉塞卡人引以为骄傲的老石桥和古堡。这些深藏在要塞山村内部的小画廊为森严壁垒式的中世纪古村增添了些许活力和浪漫的艺术情调。

沿盘山公路再绕过两个山头，又来到了德契拉夸村。“德契拉夸”在意大利语里是“甜水”的意思。虽然离意大利热闹的地中海旅游胜地只有四十多公里，但它却像深藏在大山里的世外桃源。日子像一条没有浪花的小溪，已在这里流淌了八九百年。

甜水村有着与多拉塞卡类似的要塞式村堡外观。在这座村堡的内部，小巷四通八达，如同迷宫一般。小巷的狭窄之处只能一个人侧身而过；石阶的陡峭之处令人气喘吁吁；最隐蔽的地方就像钻进了地道。然而在这些小巷的两侧，随时可以见到一个个写着门牌号码的小门，一处处咫尺见方的小庭院。阳光从山顶的村堡建筑缝隙里射下来，照到几盆郁郁葱葱的花草上，为阴暗的街巷增添了不少生气。

我一个人静静地在这石头迷宫里穿行，怀着紧张、兴奋又有些提心吊胆的心情，好像走进了神秘的中世纪时间隧道。很少能碰上人，这更让我对那石头墙后面的人家的生活感到好奇。在这静得像没有人的村堡里，村民之间的关系是怎样的呢？是不是也像这死寂阴暗的迷宫一样冷漠？或者，几百年在这狭小的天地世代为邻，邻里之间会有别样的温情？

一阵纷乱的脚步声从头顶上传来。我抬头望过去，是三个跑得气喘吁吁的男孩子。他们身穿运动背心，正从上方横插过的小巷穿过。看到我这个手拿相机的外国人，孩子们停下了脚步，十分友好地用意大利语问候。一个男孩跑下来，递给我一张纸片。我不懂意大利文，但从上面的一些与法语相似的词根和表示时间的阿拉伯数字上，我明

石头房子又窄又高，紧紧地挤在一起

白了今天下午要在村子里举行一场少年登城堡赛跑。看来这几个男孩正在做比赛前的热身。

这正是个了解甜水村居民生活的好机会。我匆匆走出了“迷宫”，来到了古堡村脚下的小广场。

这里已聚集了不少大人和孩子。孩子们按年龄和性别分组，正在摩拳擦掌跃跃欲试。家长们在一边等着助威。中午的阳光明晃晃地照着小广场上的人群，更增加了热闹的气氛，与上面村堡里的寂静和阴暗形成了鲜明的对比。

下午两点整，登城赛跑的发令枪响了，此刻正巧是北京奥运会开幕、万众欢腾之时。不过在地球另一边发生的大事，对与世隔绝的甜水村的意大利村民们来说实在是太遥远了，远得没有人去关心。然而，他们有自己的奥林匹克精神。这精神就体现在那些生机勃勃、健美纯洁的孩子们身上。

随着发令枪声，不同年龄组的孩子们分别从小广场出发，跑进了

正在为村堡运动会热身的孩子们

古堡村如同墙缝般的村寨门。那些纵横交错、被外人称之为迷宫的小巷是他们轻车熟路的家；那些陡峭得另外人生畏的石阶是他们一日几次上下来回的路；那些昏暗的路灯为他们清晰地指示着比赛的路线。

聚集在小广场上的家长们都在热情地欢呼和鼓劲。未参赛的孩子们也都在拼命为自己的同学和伙伴叫好助威。一个胖乎乎的女孩跑岔了气，双手捂着肚子一脸痛苦表情，似乎要放弃最后的半圈。马上有一位中年人，也许是家长，或者是老师，跑到她的身边，亲切地鼓励着，陪伴她继续往前跑。路边的其他人也都大声地给她鼓劲打气。

一个十一二岁的男孩，是一个残疾少年。在母亲的陪伴下他勇敢地参加了同龄组的比赛。尽管他远落在伙伴们的后面，但却坚持跑完了全程。在他接近终点的时刻，全村男女老少都簇拥在终点，热烈欢呼，像在迎接一位大明星的到来。大家的热情鼓励让这个男孩竟不好意思起来。他害羞地笑着，扭身把一直跟在身后的母亲推到了前面。就这样，这个残疾少年躲在母亲的身后，在全村人的欢呼声里冲过了终点线。

我被这温馨场面深深地打动了。虽然我没有机会去那古老的石墙

少年女子组等待起跑令

背后看看这些意大利村民们的日常生活。但我已知道，在那清冷阴暗的古老石墙的背后，荡漾的是人间最温暖的爱。

我在甜水村流连忘返，突然发现太阳已经西斜，而前面还有好几个山村在等着探寻。我只好恋恋不舍地又上了路。车子拐上了一个岔路。一座极为壮观的山村出现在山路的右边。它简直就是从山石上长出来的一座城堡。层层叠叠盘踞在陡峭的山崖上的石头房子完全是山石的本色。高高的墙壁、窄小的窗洞，监狱般的冷寂，又不失威严。

它气势非凡的外貌让我惊叹。于是迫不及待地寻找“钻”进村子的入口。在山脚我遇到了一位提着篮子的老奶奶。她连比带划地用意大利语告诉我在山头的背后有一条步行上山的石阶驴道。

夕阳为山头勾上了金边。村寨里的人家升起了袅袅的炊烟。我沿着数不清的石阶气喘吁吁地走上了阿布里卡莱村，再次进入了一座迷宫似的村堡。同样的四通八达的窄巷，同样的见不到天光的小天井，同样的藏在四面八方角落里的小门，同样的被人在暗中窥视的感觉。在晚霞里我来到了位于山头最高处的村中心小广场。

与其它任何一座意大利山村的格局相同，小广场是每座村寨的最

阿布里卡莱村

重要的地方。村里的心脏——教堂，就位于小广场的边上。这里是全村人聚会和举行各种仪式和活动的地方。我很走运。今天是当地的“八月十五”节，相当于我们的中秋节，是庆祝秋收的节日。村民们今晚要在小广场上举办舞会。我赶紧在小广场边上的饭馆的露天座位上抢占了一个位子，准备一睹这个地道的意大利老百姓自己的节日活动。

随着天色渐暗，小广场上的人越来越多，几盏大电灯照亮了小广场和小教堂。黑黝黝的夜幕中，远处山头上的另一个山村的灯光像星星一样一闪一闪，也许那里也在举行庆祝活动。音乐响起来了，男女老少陆续走到广场中央。他们都是本村的村民，是亲戚、是邻居或者是朋友。有常年在此生活的老人，有从外地回来探亲的中年人，也有跟随父母前来看望爷爷奶奶的孩子们。他们随着音乐翩翩起舞，一招一式既认真又随意。没有组织，没有指挥，没有刻意的表演，也没有内行或外行的评头论足。这是意大利村民们自己的节日，自己的晚会和自己的“纯天然”生活，也正是我此行寻找的东西。

11 意大利

碎石垒就的金字塔

在地中海沿岸和爱尔兰等地旅行，如果留心，经常可以见到一种称为“干石墙”的分界墙。人们把大小不一、形状不规整的碎石块叠落和垒起来，不使用灰浆黏合，也不填充石缝，完全靠不同形状石块之间的镶嵌和咬合形成稳定的结构。这种用干石垒就的矮墙常常用来作为田块之间的分界，或者庄院的围墙。残破的石墙上爬满青苔，或者完全被荒草掩埋，显得神秘和沧桑。

干石墙承载了几百上千年的历史，被遗忘在山野中无人留意。但传统的干石建筑技术却被另一种独特的小石屋发扬光大，留传至今，成为饱受现代人青睐的奇妙人文景观。意大利的阿尔贝罗贝洛城就是这样一座干石屋之城。

阿尔贝罗贝洛城位于意大利南部大区阿普利亚的伊提亚山谷里。那里是一片典型的喀斯特地貌区。地表的土壤随着雨水都渗进了石灰岩地层的缝隙下，随着水一起流走了。因此，地面上缺水少土。薄薄的地表土层下是被水销蚀得支离破碎的石头。多少年来，当地人既找不到大量的树木建木屋，又没有足够的泥土垒土房。当地唯独不缺的石头却很难开采出整块的条石。只有俯首可拾的大大小小不成形的碎石可以被利用起来盖房子。于是，干石屋和干石墙就成了当地特有的民居建筑形式了。

站在阿尔贝罗贝洛城的山坡上，我好像来到了欧洲中世纪的电影

阿尔贝罗贝洛城

里，又仿佛站在一座童话城的门前，一大片顶着圆锥形尖顶的小石屋绵延在脚下。被碎石块一圈圈地围成的尖屋顶高低错落，景象既奇妙又怪异。

阿尔贝罗贝洛的干石小屋有一个特殊的名字叫作“特鲁洛”。与在田野上随处可见的干石墙相比，阿尔贝罗贝洛的特鲁洛集干石建筑技术之大成。尤其是它们独特的圆锥形尖顶，把力学稳定的原理发挥得炉火纯青，是人类传统民居建筑的经典之一。

干石屋一般没有地基。人们只是把地表的浅土层挖开，在石基上直接建屋。显而易见，为了保证这种用碎石干垒的房屋的稳定和结实，人们必须把墙垒得很厚。房子不能造得太大，也无法建多层。一般的特鲁洛为圆柱形，直径不超过三米。很多屋墙被建成“夹心墙”，内外两层用较大较平整的石块，中间填充较碎的石块。屋墙垒到约两米高以后，开始造尖锥形的屋顶。屋顶也是用干石一层层地向着圆心垒成金字塔样的阶梯状，每层石头逐渐向圆心汇拢。屋顶的基石较大，越往上的石头越小也越轻。最后，在尖锥顶端放上一块关键石，由它把围出屋顶的石块们紧紧地“团结”在一起，相互依赖又相互支撑，形成最终的稳定结构。

关于这种造型奇特的干石屋的起源在当地有各种各样的说法。其中最普遍的一种说法是在十六世纪当地的不动产需要交很高的税，而尚未完工的房屋则不需要交税。因此，交不起税的贫苦农民就造了这种石屋。每当有税务官来查税时，房主只要撤掉顶端的关键石，屋顶就会塌落，变成了尚未完工的样子，而事后不用太费劲就可以新造一个屋顶。

十九世纪时，特鲁洛小石屋在阿尔贝罗贝洛地区十分流行。但后来随着社会的发展，现代化的建材和技术越来越多，交通运输也越来越方便，相反，人工却越来越贵。因此，需要花大量的时间把几百上千块碎石一块块地垒起来的干石建筑就衰落了。到了二十世纪的中期，很多特鲁洛都成了废墟。

二十世纪末，当地的一位很有经营头脑的石匠花了不多的钱买下了十来间破旧的特鲁洛，把它们进行修补改造，装备上简单的家具和厨房，以比城里的旅馆更便宜的价格作为简易旅馆出租，收到了不

用干石块挤在一起做成的屋顶

干石墙和门

错的经济效益。他的做法被当地人效仿。特鲁洛因此找到了复兴的机会。

一般来说，在一个特鲁洛的尖顶下只有一间屋子，如果家庭人口多需要更多的房间的话，需要紧挨着一面建好的干石墙在旁边再另建一间特鲁洛。两间石屋共用一面石墙，再在墙上开出一个通道来。因此，阿尔贝罗贝洛的特鲁洛多为三五个一组相依在一起。

在特鲁洛的内部，用石头垒起的炉灶是最重要的设施。它的烟道被修在厚石墙的里面。在特鲁洛的室内还可以见到一种特殊的凹室。它们被造在厚石墙上，面积或大或小。大的可以放进一张小床，挂上布帘当作孩子的卧室，小的被当作壁橱或者神龛。

特鲁洛本身的材料和结构决定了在夏天意大利南方炽热的阳光下住在里面的人们会感觉十分凉爽和舒服。但是在冬季里，由于石墙太厚，很难加热。相反，室内的人的活动和做饭产生的热气遇冷凝结的湿气不易散发，在取暖条件不好时，室内变得又湿又冷。因此，在过去居民在冬季不得不打开屋门让外面相对暖和的空气进来，或者干脆尽量在室外阳光下活动。

干石屋

二十世纪末，一些富有的英国人和德国人借着意大利货币贬值的机会来这里投资房地产，买下了不少特鲁洛改建成私人度假别墅。1996 年，阿尔贝罗贝洛的特鲁洛群被列入了联合国《世界遗产名录》。这让阿尔贝罗贝洛的名声大震，很快变成了意大利南方的旅游胜地。

现在，在几十年前石匠开拓的干石屋旅店的蒙提区，新建和修复的特鲁洛已经有上千座。加上阿尔贝罗贝洛市中心的数百座干石小屋，阿尔贝罗贝洛的特鲁洛已经有相当的规模。它们粉刷得洁白的外墙，灰色的金字塔形屋顶、屋顶上神秘的宗教符号，一片片地出现在阿尔贝罗贝洛的山坡上，与城市现代化的建筑群相呼应，标志着古老的干石小屋特鲁洛的新生。

干石屋群

除了来自欧洲和美国的游人以外，日本游客也特别青睐阿尔贝罗贝洛。当地几乎每天都可以见到日本游客的身影。他们尤其喜爱到阿尔贝罗贝洛来度新婚蜜月。当地人对自己的石屋城变成了日本人的新婚蜜月胜地感到迷惑，其实源自穷乡僻壤的特鲁洛与小资的罗曼蒂克挨不上边。如果说有什么原因的话，很可能是那些干石屋顶上的神秘图案和符号。

石屋内部

在阿尔贝罗贝洛的不少金字塔形的干石屋顶上，有一些神秘莫测的字母和巨大的被箭头穿过的心形图案。现代人往往用被箭头穿过的心作为爱情的象征，也许这就是吸引东方情侣来的主要原因。其实，这个符号在基督教里原本的意义是代表“心碎的圣母”。虽然也可以说是爱情的象征，但更确切地说它是对耶稣基督之爱。

不管对基督教一知半解的东方人为了什么到阿尔贝罗贝洛来，不论他们寻找的爱情属于哪一种，干石屋特鲁洛都不会让他们失望。它们在一片片长满橄榄树和柠檬树的山坡上，显得异国风情十足。这不正是旅游者的相机捕捉的绝好素材吗？

金字塔样的干石屋顶

12 葡萄牙

蒙桑托，长在石头堆里的村庄

蒙桑托是葡萄牙中世纪的一个城堡村寨。据说它的格局和建筑几百年都没怎么变化。村子里安静得无声无息，只有几位老人坐在自家门口晒太阳。我在村里一个只有三张桌子的露天小咖啡馆坐了下来，下意识地抬头看了一眼头顶上不到三米的地方的那块巨石。它看上去足有几十吨重，泰山压顶一样悬在那里，不由得让人胆战心惊。一个穿着白色围裙的姑娘端着咖啡从门里走出来笑着对我们说："不用担心，它至少已经在那儿待了几千年了。"

如果不是这些巨石，蒙桑托只是一个普普通通的小山村。它位于葡萄牙的东部，埃什特雷拉山脉的东南，离西班牙边境不过百十公里。蒙桑托村坐落在海拔八百米的桑克图斯山上，脚下是开阔的塞拉达埃斯特拉平原。桑克图斯山的山顶和山坡上全是光秃秃的大圆石，可以说它就是一个高高的石头堆。蒙桑托村就建在了这个石头堆里。整个村子也是一个看不到一点土的石头世界。

在地中海地区，用石头砌筑房屋的山村并不少见，却没有哪一个像蒙桑托村这样直接把石头当作邻居的。我在村子里转悠的时候，脑子里忽然想起了著名的《愚公移山》的故事：老愚公因为山石挡路而子子孙孙挖山不止，誓言搬掉眼前的拦路石。蒙桑托人却正好相反。他们不但不想移走村里各处的巨石，反而把它们一个个请进了自己的家里，让它们成了各家住宅的一部分。有的巨石被当作房基，有的被

巨石下的咖啡馆

当作了天然墙壁。有几块悬空的大石头被用来当作房顶的一部分。有一块竖立着的巨石从一户人家的房子中央赫然“探”出了大头，主人就干脆把屋顶做成了围裙的形状把巨石围了起来。我歇脚的小咖啡馆全部藏在一块巨石的下面，连房顶都免了。不过它那要被千钧巨石压扁的样子实在让人捏一把汗。

因为蒙桑托村的所有房子都是在石头堆里见缝插针搭建的，所以在高低、朝向和左右间隔上都没有任何规则。小石屋们随山势起伏，围着大石头安置。穿行在村子里的小巷子自然蜿蜒上下，没有明确的走向。有时候从两块巨石的缝里穿过去，有时候在圆滚滚的巨石面上凿出几个浅坑作为台阶。据说在十几年前村子里的路还都是坑坑洼洼、高低不平的乱石坡，只是在最近几年才逐步修成了平整的石子路。

早在1938年蒙桑托村就被评选为“葡萄牙最有代表性的村庄”。如果从外表上看，外人不太容易明白它凭什么获得了这个荣誉，因为很少有葡萄牙的村庄像蒙桑托这样是挤在石头缝里的。但是走进村子仔细看，村子里安静的石子小巷、方方正正的红顶小石屋、带着鲜明色彩的窗户框都有着浓重的葡萄牙色彩。特别是有不少的建筑和门洞上装饰着典型的十六世纪葡萄牙晚期哥特式的繁缛石雕花饰，让人想到了里斯本著名的贝伦塔。最重要的是，因为自然地理条件的限制，蒙桑托村的面貌几百年都没有也无法改变。它的风格丝毫没有受到现代社会发展的影响，从而保持了葡萄牙的“原汁原味”。

在一座小石屋的门口，一位身穿传统黑色衣裙的老太太守着一个卖布偶的小摊儿。小凳子上摆着十来个手工扎制的小布人。它们的衣裙挺漂亮的，但脸上都没有五官。老太太说它们是“法拉玛”。在当地的风俗里，人们会把法拉玛娃娃放在新婚夫妇的床上，这样可以保佑他们多子多福。

老太太的门前不到三米远的地方就是一块至少有三四米高的大石头。这块“迎头石”与老太太相伴了一辈子，是低头不见抬头见的“邻居”。从巨石前摆着的一溜种满花草的花盆看，老太太肯定没有对这个“邻居”动过“愚公”的念头。

蒙桑托村的中心小广场

村里的小巷

站在石头村里俯瞰脚下开阔的平原，我试图弄明白当初人们为什么把家安在了石头堆里。实际上，蒙桑托并不是一个孤立存在的村庄，它与山顶的古城堡有着相互依存的关系。

根据考古学的发现，这片地区早在新石器时期就已经有人类居住了。古卢西塔尼亚人、古罗马人和阿拉伯帝国都在此留下了自己的印记。1165 年，葡萄牙的第一位国王阿方索一世从摩尔人手里夺取了蒙桑托，然后把它赐封给修道士。他们在山顶修建了一座要塞。蒙桑托村曾经是要塞的一部分。

从村子里沿一条崎岖的山路爬上桑克图斯山顶。在裸露的巨圆石堆里，我看到了两千多年前的古罗马时期留下的教堂遗迹。虽然它已是断壁残垣，但仍看得出当年石匠们一丝不苟的手艺：拱门严丝合缝、壁砖见棱见角、窗饰精美、石柱挺拔。在离小教堂不远的地方是八百年前修建的要塞遗址。高大结实的城墙随着山势起伏，穿行在巨石之间。在许多地方，巨石本身就是城墙的一部分。在散落的大石头

与巨石为邻的屋子

中间，我看到了好几个约两米长的石头槽子，因为积满了雨水很像是牲口饮水的石槽。但随行的葡萄牙朋友告诉我这些石槽是古代战死的骑士的石棺。只有最勇敢的战士才有资格葬在这些石棺里。

每年的五月三日，蒙桑托村都要举行传统的圣十字节的庆祝活动。村民们抬着圣像穿过村子里的小巷，走到山顶上的古城堡遗址。

山顶的古代城堡遗址

妇女们把法拉玛布偶和装满鲜花的陶罐从古堡的围墙上扔下去以纪念祖先。

站在桑克图斯山顶俯瞰在巨石堆里显露的蒙桑托村舍的红顶，我又想起了《愚公移山》的故事：老愚公子子孙孙挖山不止的执着终于感动了上天，最后借神仙之手搬走了挡在家门口的大山。而蒙桑托村人的祖先表现出来的是与执着正好相反的灵活。他们没有给子孙后代留下搬石和挖山的重任。他们只是把挡在路上的巨石巧妙地整合在自己的家里。最后，连神仙都不用麻烦了。

以巨石为顶的屋子

13 意大利

桑托斯特法诺，鬼域变酒店村

火山对庞贝古城的毁灭并不是罕见稀有的自然灾害。上千年来，文明古国意大利曾经遭受过数不清的地震。不知有多少古老的村庄成了废墟。桑托斯特法诺村就是其中的一个。

去桑托斯特法诺村的路不难找，从巴西安纳拉城驱车向南五十分钟就看到了它。它坐落在群山环抱下的一座独立的山头上，如同山崖

桑托斯特法诺村和它的古堡

沦为废墟的桑托斯特法诺村

上长出来的一片灰白色的山石。在它的最高处，一座圆柱形的塔堡凸起在所有的建筑之上。塔顶上的一圈城垛样的石墙在晚霞的辉映下形成了一个十分醒目的剪影。层层叠叠的石头房子就像矗立在山头的古稀老人。那就是我今晚要去落宿的地方，一个让人充满探奇的渴望，又因它的神秘而敬而远之的意大利中世纪古村。

尽管桑托斯特法诺村离罗马只有一百五十多公里，但似乎与古老的人类文明和现代的社会生活都离得十万八千里，被时间遗忘在了寂静的群山之中。通往村子的小公路很窄，一侧是山崖，另一侧是长满树木的山谷。拐过几个山角后，车子停在了一座窄得无法通过的中世纪的石头门洞前。

四周寂静无声，我有点怀疑这是否还是有人居住的山村。门洞的上面高悬着一个在中世纪欧洲曾显赫一时的美第奇家族的族徽。里面的一道断墙上有一块手写的桑托斯特法诺旅店的指示牌。牌子旁边那间老房子里只有一个柜台，原来这就是旅店的前台接待室。一位身材娇小的女人很热情地迎了上来，查对了预订的姓名以后，我得到了一把足有半尺长的、极为粗陋的大钥匙。

十年前，这个败落了好几百年，正在废墟边挣扎的山寨几乎与我眼前见到的没太大的区别。这座显然被岁月遗忘在中世纪的古老石头山寨，没有受到任何现代社会的沾染，见不到一根电线杆，没有一座与现代生活有关的水泥建筑，听不到任何机械的声音。唯一，也是全部的就是被岁月销蚀得斑驳残缺的小石屋。大部分小石屋也都是人去屋空。

这依山势而建的、层层叠叠的石头房屋、四通八达的小巷、小广场、教堂，完全是一座小型城市的格局，但是，却到处是断壁残垣。屋顶残缺，山墙倒塌，荒草萋萋。面对着一片凄凉，偌大的村子里当

桑托斯特法诺村里的小街（一）

时只剩下了十几户人家，七十名村民。他们在山坡上贫瘠的土地上耕作，艰难维生，早已记不得桑托斯特法诺村几百年前曾经有过的辉煌。

在古罗马帝国的鼎盛时期，由于桑托斯特法偌村位于罗马与阿德里亚提克海之间的商贸交流要道上，就曾经是罗马帝国的一个重镇。十六世纪前后，这里是佛罗伦萨在欧洲势力最强大的名门望族美第奇家族的领地。当时欧洲的纺织业非常兴旺。桑托斯特法诺村作为羊毛交易的中转站，人口曾达到了七万。十九世纪以后，意大利的纺织业衰落了。桑托斯特法诺村失去了它曾经扮演的重要角色。这个地区海拔高、土壤贫瘠，难以发展农业，没有更好的生存方式，因此，桑托斯特法诺村村民大量迁移到了欧洲其它地区和北美新大陆去寻找生计。像意大利内地的许多村庄一样，桑托斯特法诺村一点点被遗弃，几乎变成了无人村。

桑托斯特法诺村里的小街（二）

改造后的乡村酒店的卧室

从二十世纪八十年代开始，一些有商业头脑的投资者发现了散落在意大利四处的那些被遗弃荒芜的老旧村落。他们认为，来到意大利旅行的人并不只是想观赏罗马的特莱维喷泉和斗兽场，也希望看到在这些王公贵族留下的恢宏历史遗迹的背后普通的，甚至是贫穷的意大利人在几百年前的生活场景和生活方式。

然而在意大利这块土地上，两千多年的古代文明留下的辉煌遗产数不胜数。没有人顾及那些贫苦的普通人留下的遗产。于是，他们决定把桑托斯特法诺村复原，把它“原汁原味地”介绍给游人。

“原汁原味”，是桑托斯特法诺村修复和旅游开发的原则。它呈现给游人的不是借老屋的外壳，重新装修的现代化设施齐全的高档度假酒店，而是货真价实的中世纪山村的蜗居陋室。

我用锈迹斑斑的大钥匙打开了自己房间的门。这个粗重的老橡木门足有一吨重，上面当年用简陋的工具刀砍斧劈的痕迹并没有被时间磨平。相反，岁月把它的表面抹上了一层经年累月的油污，变得黑亮光滑了许多。

改造后的乡村酒店的堂屋

房间里可以说是家徒四壁，一张只有在电影里见过的奶奶的奶奶睡过的大木床和一个用与大门一样老旧的木头制造的桌子。墙壁上干出来的裂缝像蛛网一样，还留下明显的烟熏火燎的印迹。地面用碎石头铺成，凹凸不平。床上和桌子上铺着的熨得平平整整的粗布织物，以及几盏摇曳着温暖的火光的油灯，给这间陋室带来了不少温馨和舒适。

木桌上唯一的摆设是一瓶香蒿油，据说它是当地家庭传统的吉祥物。没有电视机也没有电话，显然这样的酒店不是给那些习惯进门就打开电视和离不开现代生活方式的人准备的。

这些看上去原始简陋的客房的造价并不比现代化的星级酒店要低。为了再现货真价实的中世纪乡村房舍的原貌，建筑师没有采用随手可得的现代化建筑材料和常规便捷的建筑工艺，而是千方百计寻找和回收利用原有的材料。

桑托斯特法诺村里的小街（三）

他们还请本村的妇女用老式的手工织布机织出所有客房用的窗帘、桌布和床单。而客人拿到的那把又土又锈的门钥匙就是所有这一切精心设计、还原最真实的意大利中世纪小山村的代表和象征。

桑托斯特法诺村的酒店又称“阿尔伯格迪夫索”，意思是散布在全村的客房。四十间客房东一处西一处地分散在村民的房屋或者废墟的旁边。“标准化房间”是设计者最反感的酒店形式。因此，他们力争让这个村的酒店的每间客房都各不相同，各有自己的特点。有的是昏暗的地窖；有的带小阁楼可以看到山谷的景色；有的带漂亮的老式壁炉；有的穹顶上可以见到十六世纪的壁画遗迹；还有的客房里的柱子上保留着大铁环，显然当年这里曾经是拴牲口的地方。

从外观上看，桑托斯特法诺村有强烈的中世纪沧桑之美，曾被评为意大利最美丽的村庄之一。设计者的创意和实践又让村子破败的内部重现了生机。人气正在回归于这个衰败近鬼城的古老山村。对于怀旧的意大利人和寻找意大利中世纪农民真实生活场景的外国游人来说，桑托斯特法诺村是一个难得的地方。它让人真正回到了过去的日子，而不仅仅是换个乡村环境去享受现代的城市生活。我想，这正是这座山村酒店创意的真正目的吧。

晚上，在村子里的小饭馆享受了一顿地道的意大利农家饭以后，我回到了自己的房间。躺在散发着原野清香的大床上，四周静悄悄的。没有电视机传来的喧哗和忽明忽暗的图影，只有床头的蜡烛在慢慢燃烧着，飘出一丝丝花香。村里的小教堂的钟不紧不慢地敲了十下，我望着黑乎乎的顶棚想：五百年前在这个屋檐下住着的是怎样一户人家呢？

第三篇

以草为材，轻且易寻

茅草作为建筑材料，在坚固耐用性上并没有优势。它的最大缺点是易腐败，潮湿的气候更放大了这个缺点。然而用茅草作建材的地区似乎正是气候潮湿的地区，或者干脆就直接把草屋建在水上。也许这是因为这样的地区也正是茅草生长茂盛的地方。不过茅草作为建材也有很大的优点，那就是轻而且对温度的绝缘性好。因此，在陆地上，茅草多用于建造屋顶，如果需要建墙就要与泥土混合使用。而在水上，轻正是茅草最可取之处，草编的房屋是不二的选择。

14 加拿大

朗索欧梅多，千年维京传奇再现

加拿大纽芬兰岛西海岸的公路上人烟稀少，夕阳在落入大海之前洒射出灿烂无比的光辉，将浩瀚的大洋和莽莽的山林全部沐浴在火红的晚霞之中，壮美得让人透不过气来。汽车在笔直的海岸公路上径直向北，左手边一望无垠的大西洋洋面平静得如同一面硕大无朋的镜面，碧蓝之中反射着夕阳玫瑰色的光芒，美如梦幻。右手边的大地正在向极地冻原地貌过渡。山林越来越稀疏矮小，裸露出了贫瘠荒凉的大地和星罗棋布的水洼。

几头北极驯鹿在路边的一个大水洼边静静地啃舐着岩石上的苔藓，晚霞在它们雄壮的鹿角上闪闪发光。汽车载着我们从这梦幻般的意境中穿行而过，没有人开口，任何人类赞美的语言都失去了意义。如醉如痴中，我们清醒又沮丧地意识到自己只是这大自然的永恒壮美之中的一个渺小的匆匆过客。

我们到达纽芬兰北端半岛的时候，天气阴霾，大雾迷漫。这里已是北纬五十五度以上，几乎见不到什么像样的树木了。只有从满地光秃秃的大小石头间钻出的矮小灌木有枝无叶地趴在地上。虽然小海湾比比皆是，但已很久没有见到哪怕只有两三间简陋小屋的渔村了。汽车就在这石头滩上修筑的公路上转过一个又一个海湾，迷雾中，前方出现了一望无际灰沉沉的海面，低矮的礁石东一座西一座地在雾幕后的海水中时隐时现。我们终于到达了纽芬兰北部顶端的天涯海角朗索欧梅多。北欧维京人古老的萨噶[1]讲述的故事正穿过一千多年的历史时空从灰色雾幕后的大洋上向我们慢慢地走来。

那是在公元十世纪左右，一只高扬着威武船头的单桅大船载着三十多名维京人从格陵兰老家出发，南下海上探险。他们沿着北美大陆东部曲折的海岸线向南航行了数月后发现了一大片凸出于海洋中的土地，它的最前端是一个将将露出海面的平缓的岛屿。岛上草木茂密，开满鲜花，一条小溪急匆匆穿过草滩流进大海。维京人被这片岛屿的美丽景色所吸引，决定在小溪畔抛锚驻扎下来。

维京人在岛上建造了草泥大屋和修船造船等作坊。一个偶然的机会，他们在小溪的河床上发现了黑色的铁矿石。于是，他们又建起了炼铁作坊，用简陋的手工炼铁技术来锻造造船用的铁钉。同时，这些维京人还以这个岛为基地去探索更远的内陆。在探索中，他们发现了

天涯海角

[1] 维京人留下的文字历史很少，维京历史大部分以口口相传的传说故事流传下来，被称为“萨噶”。萨噶里的故事多为九至十一世纪的英雄传奇，记录了维京人的远征。

天涯海角上的维京村（一）

大片野生葡萄。因此，他们便命名这片新发现的土地为“维兰德”，意为葡萄之地。从此，每年夏天，维京人的船队满载着从维兰德采伐的木材和酿制的葡萄酒回到格陵兰老家。维兰德这片富饶美丽的土地也从此被记载在了维京人一代代口头留传的萨噶之中。

然而由于当时维京人很少有文字记载的历史，也没有准确的地图和航海图，使后人无从知道维兰德的确切位置。因此，在上千年的时间里“维兰德”只是传说中的一个虚无缥缈的神秘去处。

九百多年后的 1960 年，一位热衷于寻找维京人祖先足迹的挪威作家海格 · 恩格斯塔从美国东海岸的新英格兰出发，沿加拿大东部海岸线一路向北，以维京人古老的萨噶的描述为依据，寻找那个传说中神秘的“维兰德”。当他到达朗索欧梅多的时候，他发现这里的地形地貌与维京人传说中描述的那片岛屿十分相像。在采访当地村民的时候，一位名叫乔治·迪克的渔民想起在离村子不远的海滩上有几处自己在孩童时期常去玩耍，被当地人称为“废墟屋”的奇怪土包。在迪克的指引下，恩格斯塔找到了这几个被野草覆盖的土包。根据他在冰岛发掘古代维京人遗址的经验，他敏感地意识到这很可能就是当年维京人在北美留下的遗址。

在他的考古学家妻子和当地村民的帮助下，经过八年的发掘，一座维京人的千年村落遗址重见了天日。在加拿大国家公园和历史遗产管理部门的协助下经过前后近二十年的发掘、整理和研究，确认朗索欧梅多村落遗址就是北欧维京人在北美大陆留下的第一个落脚居住

古老的维京人草泥屋的遗址

地。这一重大发现填补了人类文明发展史上的一项空白。1977 年，加拿大将朗索欧梅多村落遗址列为国家级历史遗产。1978 年，联合国教科文组织将其列入《世界遗产名录》。

为了帮助后人更好地了解当年维京人在这里的生活，加拿大国家公园在遗址上重建了一座维京人的传统草泥大屋。国家公园的工作人

员身着当年维京人的装束在屋子中演示一些当时日常生活的场景。遗址博物馆的讲解员带着我们在出土维京村落遗址的海滩上边走边看，非常详细地描述了一千年前这里发生的故事。

讲解员扮的“维京大汉”

极为简陋的草泥小屋

天涯海角上的维京村（二）

冷风瑟瑟，细雨蒙蒙，我们沿一条羊肠小道走过芳草萋萋的海滩。维京人的草泥屋坐落在海滩的尽头，是名副其实的天涯海角。其围在四周的木围栏的前面就是浩瀚的大西洋。正值退潮时分，大片的滩涂露出了水面，上面散落着大大小小被海水冲刷得浑圆的礁石。河滩上少有树木，但草甸丰厚，密密麻麻的草根和泥土网织在一起变得非常结实。采集草皮时，人们先要在草甸上根据需要用铲子切出不同的形状，然后从下面铲出厚薄不等的草皮块来。这些草皮块被用来垒墙和铺屋顶。

为了防水防潮，草泥屋都用石块垒成基座，在基座上面，人们用从外地运来的木料或者在海边拾取的漂木作为房子的立柱和搭建屋顶，然后用草皮块垒墙铺顶。垒墙时一般把草皮块一块挨一块地竖着斜立，上下两层的斜立角度呈“人”字形，其间还会夹上一层横向的长条草皮加固。为了保证草皮墙的保温绝缘性能，墙往往垒成双层，中间填上碎石块。从外面看，草泥屋的四壁除了门窗外全部是草泥皮，远远看上去就像一个长满草的泥土包，十分原始简陋。但是，实际上这种传统民居的建造也有许多讲究。

草泥屋的屋顶都成“人”字形斜坡，用木头搭架子，上面铺上双

维京大屋的内部

层草皮。为了保证屋顶上的草皮经久耐用，屋顶的斜度要非常合适。如果过平，雨水会积留、渗入下面，使草皮很快就腐败坍塌了。但是如果坡度太大，又会在旱季里造成草枯死、泥土干裂，让屋顶产生裂缝。而一座建造良好的草泥屋往往经得住上百年的时间。

阴雨让我们冷得发抖，赶快钻进草泥屋里，围着屋子中央燃起的

再现当年维京大屋里的情景

篝火取暖。大屋里面光线昏暗，陈设极为简陋，恐怕在现在，无家可归的流浪汉才会在这里落脚。但是在三四百年前，这种房子是当地最有身份的人才配居住的。

因为草泥屋的保暖性能比较好，在过去冬天里室内没有取暖设施，最多在中间生上一盆炭火。在北极地区冬季漫漫长夜里，人们大部分时间都是在草泥大屋里昏暗的油灯下度过。传统草泥屋的内部格局展示了维京人社会的平等和共享原则。它的基本形式是一个贯通的长方形大屋子，中间有一条通道。两侧两排柱子的后面是两溜长炕作为白天劳动和夜晚睡觉的地方。每个人的床位就是他们拥有的私人空间。他们在这块地方生活和劳动。个人的财产就悬吊在床位上方的房梁上。大家在一起劳动时，常常会有一个人给大家讲述古老的萨噶的传说故事、朗诵诗歌。在不同村庄之间巡游的说唱艺人是最受欢迎的人。他们的到来为草泥大屋里沉闷的生活带来了难得的亮色。

一个“维京”妇女坐在木头炕台上缝补着兽皮靴子。她的“丈夫”用一支奇怪的笛子热情地为我们吹奏了一曲据说是当年维京人的曲子。在大家的要求下，这个“维京大汉”又兴致勃勃地走到屋外，向着茫茫大海吹起了螺号。悠长的呜咽在灰蒙蒙的海面上传播开去，仿佛在召唤千年时空那里的祖先。灰色的雨雾中，一座奇形怪状的浮冰山似动非动地在远处的海面上向南漂去。它的阴沉与冰冷使四周的一切更加孤独和苍凉。当年维京人也正像这样站在新发现的北美大陆上看着从老家格陵兰漂来的冰山吧？

一千年的光阴过去了，数不清的潮涨潮落，看不尽的荒草枯荣。朗索欧梅多当年热闹一时的维京村落如今已是萋萋荒草下的废墟。纽芬兰这片天涯海角仍是那样的荒芜和苍凉。年复一年地从北极冰雪大陆断裂的大小冰山都要悠然漂过这里，仿佛是维京人的在天之灵送来的信使，来探望这片曾给了他们欣喜和希望的土地。

15 日本

雪国合掌造，独一无二的日本风情

“穿过县界长长的隧道便是雪国”，像所有被川端康成的凄美故事所吸引的游人一样，我来到了这个隐身在群山怀抱里的日本“雪国”。只不过吸引我的不是作家笔下那让人惆怅不已的唯美爱情，而是故事背景中那些极具日本风情的传统民居——合掌造。

时值夏季，代替一路厚厚的积雪的是弥漫的大雾。公路在轻纱般的迷雾里时隐时现，我们像川端康成描述的那样，穿过一个又一个隧道后，来到了一个绿林雾霭如同仙境般的山坳。再走过一片树林，二十多座茅草屋组成的小村庄出现在眼前。时间似乎在这里停滞在了几百年前。如果不是轻雾还在缥缈，这简直就是一幅凝固的画。我看到了那些合掌造茅屋，厚厚的茅草覆盖在又高又陡的尖顶上，毛茸茸的，有些像一头头趴在稻田里的棕熊。

我到日本来寻找传统民居前，曾以为东京的町屋最具代表性。但朋友说：“你应该去乡下看看合掌造，那也是日本独有的传统民居，非常漂亮。”

合掌造分布在日本本州岛中部的岐阜县和富山县之间的偏远山区。白川乡和五箇山是最集中的两个地区。合掌造这个名称十分形象。它的屋顶像佛教中的双手合十：十指对拢，掌根微开，形成一个相当陡的尖顶。也有人形容它是一本翻开倒扣的厚书，那书页就是屋顶上铺着的厚厚茅草。看着这些独特的屋顶，我脑子里自然产生了两个问题——一是屋顶为什么做成这种形状？二是为什么选茅草作为造顶的建材？

其实第一个问题很容易理解。想想川端康成《雪国》里描述过的这里的冬天就明白了。在这个群山环抱的山坳里，年平均降雪高达十米，冬天地上的积雪有一两米厚。为了避免屋顶被厚厚的积雪压垮，把屋顶造得很陡，雪就不容易在上面积存。第二个问题有点让人费解，茅草是所有建筑材料里最易发霉腐烂的材料，在这个如此潮湿的地方，为什么偏偏选茅草来做屋顶呢？

导游回答说，选茅草的理由很简单，过去，茅草是这里最容易获得的建筑材料。

一座传统的合掌造老屋

草顶不用一颗钉子，而完全是用草绳把草捆系在屋顶的木架上

在与世隔绝，交通不便的年代，就地取材当然是首选。过去村里的人家在河边和山坡上都有小块的私地，他们会在上面种茅草用以修缮屋顶。而现在用于造屋顶的茅草多是从外地买来的。尽管茅草取之容易，但耐用性还是无法与砖瓦这类建材相比，时间长了就会霉变和腐烂。因此合掌造的草顶每二三十年就需要更换一次。

在白川乡，带我参观的瓦德先生家是村里的大家族，在这里已经繁衍了二十代了。他的父亲曾经担任过村长。他家的合掌造也是全村最高大的。1995 年，日本合掌造被联合国教科文组织列入《世界遗产名录》以后，瓦德家族把自己的老屋捐作了展览馆。瓦德先生 1960 年出生在白川乡，在合掌造里长大。年轻时，他在外地求学并当上了教师，后来回到家乡致力于传统文化的保护工作。

在瓦德家的老屋，我找到了合掌造之所以造型奇特的另一个重要原因——它与这个山区的历史息息相关。据说在十二世纪时，东京的贵族平家在坛之浦战争中惨败后逃到了这个偏僻的山区。他们躲在这个与世隔绝的大山里，把自己在东京宫廷的习俗保留了下来。至今在五箇山地区还流传着与之相关的古老民歌。这里气候恶劣不宜农耕，人们就靠制作黑火药和养蚕为生。他们的居所也为这些生计而建。合掌造一般为三至五层。底层是制作黑火药的作坊，上面是一家人生活起居的地方，往往一家三十口人都居住在一个屋顶下。而位于最上面的阁楼完全藏身于尖顶的下面，比较宽敞，而且光线也不太糟，一般作为养蚕的蚕屋。

二十世纪工业发展和人造纤维的出现让日本的丝绸业凋落，五箇山的养蚕业也逐渐消失了。现在，瓦德家的阁楼里空荡荡的，在传统的白纸窗透进来的微光里，被岁月打磨得光滑的地板泛着光。阁楼里摆着一些过去用的农具和生活用品。因为阁楼内部既不打顶也不围墙，我可以清楚地看到合掌造的茅草顶是怎样修造的。据说合掌造的屋顶不使用一颗钉子，完全使用草绳将打好捆的茅草一层层捆系在屋顶的木架上。瓦德先生指着一个约一米长的如大钩子一样的物件说，这是人们在盖屋顶时用的草绳钩。它有点像大号的缝针。铺草顶时人们像缝棉袄那样，用钩子引导着草绳在屋顶内外穿引。这时需要在屋

冬季大雪后的合掌造

顶内外各有一名工人操作，把“针”穿进来穿出去地往屋架上“缝”草捆。这是一个非常需要耐心和时间的活儿。

左｜工人在修建草顶（一）

右｜不用一颗钉子的草顶

给合掌造换顶草是一项即费工又费时，还特别耗资的事。一家的老屋需要换顶时，这家人往往提前两三年就要做准备。日期定下来以后，就要在村里挨家去求助。因为工程巨大，靠一家人之力是不可能完成的，所以每次都需要全村人上阵，各道工序都要安排好人。男人们负责割茅草、打捆、运输，还要编草绳，准备各种工具。女人们准备饭和点心，并且制作各种小礼物。开工的日子是全村的节日，几十个男人在屋顶上压草捆，“穿针引线”缝制草顶，女人们则在屋下载歌载舞，非常隆重。

近几十年随着现代化的发展，村里的人口外流严重且本村的人口老龄化，在换草顶时很难再像以前那样找到足够的村民来帮忙了。不过，从城里来的志愿者们承担了这个任务。在合掌造被联合国教科文组织列入《世界遗产名录》之前，由于各种原因，合掌造处于逐渐被遗弃的状态，不少人选择更耐用、更实用、投资也更低的现代建筑材料来代替茅草。修建草顶这项技术也几近失传。被列入《世界遗产名录》以后，人们开始意识到合掌造代表的传统文化的重要价值。村里的人口也随之出现了微妙的变化。

多年来村子里的年轻人走出村子到城市里去学习工作，然后定居在了城里。现在不仅有瓦德先生这样的土生土长的人又回到了家乡，从事与传统文化保护有关的事业，还有一些本来生活在城里的人，举家搬到了村里生活。另外，城里的志愿者团体也成了这里的常客。他们不仅前来参加合掌造草顶的修缮和换顶，还在农忙季节来帮助农民插秧、收稻，甚至来参加村里的婚礼、葬礼等。这些新人的到来为村子带来了新的活力。

合掌造都是家族所有。全村人对这些合掌造有一个共识——不卖、不租、不破坏。外人要想成为合掌造的主人必须要先成为一个家庭的女婿或儿媳。全体村民都是本地环保协会的成员。他们每个月都要开会讨论对合掌造的保护。大家都明白，把合掌造保护好，就会有更多的人来，村子也就会更有活力。

工人在修建草顶（二）

被列入《世界遗产名录》后，合掌造也给白川乡和五箇山带来了

合掌造村落

名气，让其旅游业得到大力发展。近年来，这里还成了“网红打卡地”。在旅游旺季，村子里的游人络绎不绝。不过，村民们普遍对那种急功近利的发展致富方式不感兴趣，他们更欢迎的是希望深入了解这里的文化和传统习俗的人，而不是那些举着自拍杆到处摆“pose”的游人。

层层黛色的山峦，绿油油的稻田，稻田里坐落着的一栋栋木墙草顶的农居，我正在欣赏着这一幅画卷时，忽然看到从一户合掌造的屋顶上冒出了一股股烟。我大吃一惊，这种全由草木建造的房屋一旦失火可不是小事。我紧张地看向导游，只见他笑了笑说，那是主人在底层燃起的火塘。原来，烟通过各层的通烟道上升到达屋顶，再从茅草之间细小的缝隙钻出去。这不仅可以让潮湿的茅草变得干燥，还可以防止它们板结腐败，对草起到杀虫灭菌的作用。

屋顶四处冉冉升起的炊烟为合掌造更增添了份生活感，难以想象在不到四百公里之外就是灯红酒绿的现代大都市东京。随着乘载着游客的大巴的离去，一切又都归于寂静。暮色中，草屋的纸窗里透出了橘黄色的灯光，屋外门边挂着的纸灯笼也被点亮了，川端康成描写的画面又清晰起来。我不由得想：古朴的合掌造茅草屋和摩登的东京高楼大厦，哪个是真正的日本呢？

合掌造老屋和围绕着它的稻田

16 印度

喀拉拉草船，漫游在印度洋畔

船橹一下一下，不紧不慢地在水里拨进拨出，成片的浮萍被拨开又缓缓地合上。篷船从高高低低的椰子树下静悄悄地划过。开阔的湖面森森淼淼。在目不可及的远方，是印度洋深蓝色的海水。

这里是印度次大陆西南部著名的喀拉拉水洲，沿印度洋阿拉伯海东岸的一片一千五百公里长，面积有二百多平方公里的水域。从陆地上一路流过来的三十多条大小河流在这里入海。它们带来的泥沙沉积下来形成了大片的浅水湾、湖泊和沙洲小岛，河水与海水混合，水中盛产鱼虾，岸上是稻米之乡。在缺少公路和铁路的时代，水路是这一地区主要的交通工具，而“克图瓦拉姆”则是喀拉拉水洲的经典。

喀拉拉水洲上随处可见来往的草船(一)

喀拉拉水洲上随处可见来往的草船(二)

“克图瓦拉姆”在马来语里是“编织成的船”的意思，是一种靠人力和风力推动的草编篷船，曾经是喀拉拉水洲居民住所和货物运输的主要工具。近二十年来，克图瓦拉姆成了喀拉拉邦旅游业的明星。喀拉拉水洲是世界上少有的水上休闲胜地，辽阔宁静的水面、四通八达的运河网、多样化的水生动植物、一望无际的稻田、岸上风光秀丽的村庄和多彩多姿的文化传统为发展该地区的旅游提供了相当有利的条件。而乘坐克图瓦拉姆在宁静、舒缓的风情里漫游，尤其是在船上休闲数日，是游客的一种十分独特和难忘的体验。

在传统的克图瓦拉姆的基础上，人们对它进行了酒店化的改造。船身保持了传统的细长、尖头；舱底铺上木板整平，以增加可利用面积和便于行走，船顶相应加高。新型的克图瓦拉姆的船篷是它最有特色的部分。它由槟榔木或竹子搭成拱形支架，然后在上面用当地特有的椰衣麻搓成的麻绳编结成网，再用椰衣或者竹篾填充在网孔之间。用椰麻编织克图瓦拉姆的船篷是喀拉拉的传统工艺。能工巧匠们用麻绳编结成具有民族风格的穹拱、弧形的门窗和美丽的格子船廊壁。所有这一切全部靠手工编结，不需要一颗钉子。船篷编成以后，人们在上面刷上一层腰果油，不仅使船篷发出棕黄色的光泽，还可以保护船篷十几年不坏。

这样精心编成的克图瓦拉姆如同一座精美的小型草编宫殿。在古色古香的穹顶下，不仅有宽敞的客厅、数间睡房和设备齐全的卫生间，有的篷船的顶上还编出一个小小的瞭望台。克图瓦拉姆上的生活设施齐全，每只船都有专用的蓄水柜，通过管子与厨房相连。卫生间的冲水坐便器排水需要符合政府制定的净化标准，防止对河水的污染。

克图瓦拉姆从传统的稻谷运输船到现代化的酒店船的转化很快为喀拉拉水洲吸引来大量的游人。它本身也以惊人的速度发展起来。

草船近景

草船内部

二十世纪九十年代，喀拉拉水洲大约只有十来只改造的酒店式的克图瓦拉姆。十年后就发展到了四五百只。而现在，据说有上千只克图瓦拉姆在喀拉拉水洲地区运营。克图瓦拉姆真正成了喀拉拉邦的一张旅游王牌了。

尽管喀拉拉水洲水域辽阔，上千只篷船散布在其中也相当可观。靠在编织得很古典的窗口向外望，宁静的水面上总会有另一只或者更多的克图瓦拉姆的身影在不远不近的地方相伴。

望着身边浩渺的水面和远近“漂浮”在水面上的小岛和长堤，我觉得这里很像陆地景色的翻版。在这里大面积的水面代替了地面，那些网一样的长长的窄堤就是陆地上四通八达的道路。高出水面不过尺把的小岛就像陆地上的停车场。不过上面停放的不是汽车，而是房屋点点的小村庄。

克图瓦拉姆在如洪泛区一样的大湖里静悄悄地缓缓而行，耳边只有马达轻微的嘟嘟声。水面上时不时地漂过来一团团的浮萍和水草。白鹭在水面上掠过，长腿鹭鸶像雕塑一样矗立在水里。天苍苍、水茫茫，地老天荒。一本导游手册里说喀拉拉水洲是一片令人迷惑的地方。的确如此，驾船人没有地图，也不用水路图。我只知道我们在向北，而印度洋就在不太远的地方。

当克图瓦拉姆进入人口较稠密的运河网地区时，眼前又是另一番景象。大片大片绿油油的稻田里，身穿着五颜六色的民族服装的农民正在劳作。据说，这片地区是世界上少有的“在海平面以下的稻田”。当地人沿海岸修筑了长堤保护着喀拉拉邦的沿岸稻田不受海水的侵蚀。小型汽车在长堤上奔驰，白色的天主教堂和粉色的清真寺在高高低低的椰子树的掩映下慢慢地向后移动。堤岸边有许多载着蔬菜水果的小船和小渔船。

我从一条小船上买了一条很新鲜的鱼和几只大虾交给了船上的厨师。他正在厨房里忙着准备晚餐。如果游客打算在克图瓦拉姆上过

各种各样的草船

夜，船上除了驾驶员外还会配有一名厨师负责一日三餐。一般来说，驾驶员兼任导游，负责介绍一路上的风土人情。但是，尽管他们都非常热情和好客且彬彬有礼、训练有素，但他们带浓重口音的英语常常让我似懂非懂。

中午时分，我们从位于南亚最大的淡水湖瓦姆巴那德湖畔并号称“东方威尼斯”的阿拉皮出发，穿过一条又一条被村庄夹持的水道，漂过开阔无垠的大湖面，穿过成片的椰林。太阳逐渐西沉，茫茫暮色里各种水禽在忙着归巢。不远处的另一只克图瓦拉姆的船影渐渐变成了点点灯火。船工忙着点燃熏蚊子的蒿草。客厅里一顿丰盛的晚餐在等待着我们。厨师为我们准备了喀拉拉的传统美食：油煎鲜鱼、咖喱虾、椰奶咖喱鸡、炸芭蕉和各种南亚的鲜果、干果。

克图瓦拉姆停泊在水上，马达的嘟嘟声消失了，船身随着波浪在轻轻地荡漾着。月光如水，汽灯如火，天水如靛，万物寂静。喀拉拉的克图瓦拉姆变成了一只在天水之间催人入睡的摇篮。

喀拉拉水洲上的草船

17 茅草屋，英伦三岛的回声

爱尔兰

爱尔兰给我的第一印象是绿。那种抓一把树叶能拧出来绿汁的感觉，湿漉漉的绿色。在这片土壤贫瘠的土地上，这种郁郁葱葱的感觉在我的环游一路上到处可见。不论是在山石嶙峋的山区，在陡峭平坦的海岸断崖边，或者是在少有人迹的乡间小路上和在中世纪古迹的断壁残垣的四周，肆意生长或者精心平整的草总能掩盖住下面并不肥厚的土壤，让大地显得生机勃勃。

驱车行驶在乡野的公路上，路两边常常是爬满野草藤蔓的草墙，这还不够，野草继续攻占了路边的所有电线杆，把它们也都变成了一座座又细又尖的草塔。汽车就像行驶在一条被野草包围的壕沟里。这种草的奇观刚让我感到新奇不久，另一种草的景观就更吸引了我的注意力。

旷野上，经常会见到一两座茅草小屋。极为简陋的灰墙，朴素到极致的外观，但它的厚厚的茅草屋顶却彻底打破了它平淡无华的外貌，给予了它们独具的魅力，让任何人都不可能对它视而不见。它们就是爱尔兰传统文化的宝贵财产——茅草顶民居。

据说早在新石器时期，英伦三岛就已有人类所建的茅草顶的小石屋了。从中世纪到十九世纪末，茅草屋是爱尔兰乡村农舍的最主要建筑形式。这与当地的地理位置和气候条件有密切关系。

爱尔兰是一个岛国，地上多石少土、森林缺乏、气候湿冷。虽然

童话小屋般的茅草屋

这个国家有着悠久的历史，但一直是欧洲最贫穷的国家之一。这样的历史和地理条件反映在建筑上，一方面表现为诸侯和贵族用石头建造的宏伟的城堡及庄园，另一方面则表现为普通农民垒造的简陋民居。这种民居的墙都是用当地容易找到的材料建造的，或者是地里挖出来的碎石头，或者是把玉米棒子、麦草铡碎混上泥土做成的草泥。它们共同的特点是不坚固且难以承受屋顶的重量。因此，一般旧式建筑常用的石板片瓦的材料都不适合做屋顶。而茅草重量轻且是农民们很容易得到的材料，因此，茅草屋顶自然就成了建屋的首选。

在爱尔兰和英伦三岛其它地区作为建筑材料的茅草的种类因地区而有所不同。在气候比较干燥的地区，麦秸和旱芦苇是最常用的材料。据说，有一种专门长在贫瘠的土壤中的长秆麦子，它的麦秆长度可近两米。它的麦秸是最佳的屋顶用草。在海边和其它潮湿的地区，水生芦苇是最常用的材料。麦草和芦苇被收割以后，根据需要保留或清理掉花穗和枝叶，打成捆备用。

这座屋子的草顶已经陈旧了，需要重新铺建

铺茅屋顶是一项十分独特的传统建筑技术，在爱尔兰常常是一代代相传的手艺。由于工艺复杂，工程时间长，修造一个高质量的茅草屋顶既费时又费力。在爱尔兰，一方面由于茅草屋的建筑形式已然衰落，年轻人对这种费时费力的手工技术不感兴趣，工匠有后继无人的危险；另一方面又因为合格的专业工匠有限而形成了“供不应求”的局面。那些有茅草屋顶的人家在需要修缮或新建茅草屋时往往得提前到本地的工匠那里去预定时间、排队等候。

有意思的是在英语里，专门从事铺造茅草屋顶的工匠叫“撒切尔”，与英国前首相撒切尔夫人的姓是一个词。按照英国人姓氏来源的传统看，很可能大名鼎鼎的“铁娘子”撒切尔夫人的祖上就是从事铺茅草屋顶的工匠。

在爱尔兰旅行时，我在一些乡村的小店铺和酒吧里常常看到贴在墙上的“撒切尔”们的工期安排表，上面写着他们目前在哪家干活，何日结束、何日开始下一家等信息，以便后来的顾客排队。小店的老板也就成了“撒切尔”的消息发布人，向需要的雇主们报告他们的行踪。这样，某些急需帮助的雇主可以假装在某家门口“碰巧”遇到在那里干活的“撒切尔”，在恭维他的手艺后能趁机在他的雇主名单上加塞。

根据所用的材料不同，一个茅草屋顶的寿命是四五十年，但在这期间需要每十年左右更换一次茅草。尤其是屋脊上最容易受到风吹雨打的部分更是需要及时更换。因此，铺草顶又分为铺新顶和补旧顶两类。在需要铺新草的屋顶上需要用木檩条搭出格子样的木顶架，第一层茅草就用金属的箍子固定在木架上面。第二层和第三层茅草分别用柳条拦住，压在下层的草捆上。每层草捆从下方的屋檐开始铺起，由下至上一排压一排地铺，同时用特制的木铲不断拍打以调整草捆的根部，使它们错开形成斜坡状，以便使整个屋顶的坡面平整。屋脊是整个屋顶的关键部位，需要用木条做成冠状结构箍起来，然后再加铺一层草捆。

茅草屋的门窗

“撒切尔”在工作

屋脊是“撒切尔”们最精心制作的部分。常言说，一个铺好的屋顶的屋脊就是一个“撒切尔”的签名。他要在这里留下自己独有的印记，也张扬出对自己手艺的自豪。为此，每个工匠都要精雕细刻，在屋脊上弄出些独出心裁的特点。他们或者用切草刀削出具有浮雕感的草雕图案，或者用茅草编结成各种各样的小物件扎在屋脊上，如公鸡、小鸟、猪、狗、羊，或者花冠、玉米、水果和十字架。这些栩栩如生、情趣盎然的作品不仅把茅草屋顶变成了一件别具匠心的艺术品，而且根据爱尔兰的传说，它们还可以起到辟邪的作用。据说在巫婆经过这里时会被这些奇妙的小东西所吸引，就不会去别处乱施魔法了。因此，它们又被称为“巫婆的玩具”。

一座已历经多年的风吹雨打、茅草开始衰败零落的旧茅草屋和一座刚刚铺建完毕、崭新的茅草屋会给人以截然不同的感觉。前者在阴雨中就像一个风烛残年的老人，本来金黄色的茅草霉变成了黑色，残破不全，显示出岁月的沧桑和凄凉。而后者在阳光下就像一个朝气蓬勃的青年，有形有款，打扮光鲜。厚厚的麦秸根密密匝匝、结结实实，一副百病不侵的样子。屋脊上的草雕和草编更给它增添了生机与情趣。看到它的人无不惊叹这普普通通的茅草屋竟也能有如此的艺术魅力。

的确，目前在爱尔兰，茅草屋已经从贫苦农民的栖身陋室演变成为上层富裕人家和艺术家们青睐的建筑珍品了。随着社会的发展，茅草屋在几百年里完成了从下层社会的主流建筑到衰落，再到上层社会的复兴建筑的转变。

漂亮的草顶（一）

自从十八世纪英国工业革命为英伦三岛带来了火车和运河，方便了外地建材的运输，并开辟了建筑材料的多样化道路。更结实耐用的屋顶建材逐渐取代了茅草。而现代化农业收割机的使用破坏了麦秸的完整和质地，化肥又使麦秸变脆易断。这些都促使了茅草屋在爱尔兰和英伦三岛的衰落。当年曾经在乡村到处可见的茅草屋变得越来越少，成为零落在乡间的稀罕物和旅游者的相机镜头猎奇的对象了。

然而最近的三十多年，厌倦了大城市的高楼大厦和车水马龙的现代人又从另一个角度发现了传统茅草屋的魅力和价值。它们纯天然的材料、冬暖夏凉的保温特性、拙朴自然的外观和独特的民间艺术造型都是希望返朴归真的现代人所追求的。因此，茅草屋又开始在爱尔兰和英伦三岛复兴了。

漂亮的草顶（二）

除了作为私人的别墅外，茅草屋家庭旅馆也很受欢迎。我落宿的一家茅草屋“B&B”家庭旅馆的女主人的家虽然是在附近的一座城市里，但在旅游季节她会来这里几个月连度假带经营。几年前，她买下了这间海边的旧式茅草屋改建成家庭旅馆。她不仅重造了茅草屋顶，还把市内布置得十分有爱尔兰乡间风情。她一间间介绍着各显温馨的客房、餐厅和墙上古朴的饰物以及蓝花瓷盘，同时告诉我在这一带乡间茅草屋家庭旅馆的情况。

实际上，由于茅草屋顶的建造完全是手工操作，工艺技术复杂、工期很长，而且需要经常护理，一般人难以承担得起建造和维护茅草屋的高昂费用。因此，茅草屋从过去的穷人的蜗居变成了现在富人才能拥有的“豪宅”了。但无论如何，这对保护这已有千年历史的古老文化传统，并让它流转下去是一件好事情。

乡村小酒吧

18 秘鲁

提提喀喀湖草屋，飘荡在安第斯山之巅

从秘鲁南部城市普诺市乘船两个小时以后，终于踏上了大名鼎鼎的提提喀喀湖草岛。顿时，我感到自己踩到了一只大水床上，每一脚踩下去都会下陷两三厘米。茅草唧唧咕咕地乍起来，好像随时都会从一个裂缝陷到湖水里去。本来提提喀喀湖近四千米的海拔已经搞得我头重脚轻了，在这草岛上行走就更像一个醉汉那样东倒西歪。同船下来的另外几个游客也都被这种奇怪的感觉弄得又笑又叫的，乌罗人的草岛就用这样奇特的方式迎接了我们。

提提喀喀湖位于南美洲安第斯山之巅，海拔 3812 米。它长一百九十公里，平均宽八十公里，分成一大一小两个湖泊，之间被一条狭窄的水道相连。因为这两个湖的形状像一头猎豹在追捕一只奔逃的兔子的样子，当地人给湖起名为“山豹”。提提喀喀湖位于秘鲁和玻利维亚两国的边界上，是世界上最高的、可通航的湖泊和南美洲水量最大的淡水湖。它是安第斯山的明珠。

在提提喀喀湖畔居住着安第斯山的土著居民乌罗人。这是一个历史十分悠久的民族。在他们自己的传说里，在太阳还没有照耀到地球上以前，乌罗人的祖先被闪电击中，具有了非凡的力量和不死的身躯。乌罗人自称自己的血液是黑色的，可以抵御高原的严寒。但是，后来因为他们违背了天条，与人类通婚而丧失了神力，甚至失去了本民族的语言和传统。实际上早在五百多年以前，乌罗人就因为长期与

漂浮在提提喀喀湖上的草岛（一）

埃玛拉人通婚，并且使用后者的语言而被同化，逐渐失去了本民族的语言。公元十三世纪时，统治安第斯山区的印加帝国把乌罗人视为卑微民族而镇压驱赶，迫使他们逃到提提喀喀湖上结草成岛、扎草为屋，远离陆地和强大的印加帝国的侵扰，过起了简朴的与世隔绝的水上生活。

从当地出土的古代陶器上的图案可以看到，早在三千年以前乌罗人就使用提提喀喀湖上盛产的茅草——托托拉草，制造草船在湖上捕鱼了。自从他们被印加人追捕，被迫把全部生活都移居到水上以后，乌罗人用托托拉草为自己开辟了一片新的土地——托托拉浮岛。他们把在浅水区大片大片生长的茅草连根挖起来，在水面铺成一片。托托拉草的草根非常发达，纵横交错地网住了泥土，成为两米多厚漂浮的草垫。乌罗人在这大草垫的西面插上木棍，用绳索把草垫抛锚在湖底。在草垫的上面他们再用打成捆的托托拉草横竖交叉地一层层加厚。据说水下的草根基层最长可以保持三十年不烂。但是，上面的草捆却用不了多久就会腐烂掉，因此，需要每隔一两个月就增铺新的草捆。

可以说托托拉草是乌罗人的衣食父母。他们的日常生活哪里也离不开托托拉草，终日围绕茅草劳作。除了不断地为浮岛准备新草捆外，他们还用托托拉草编织草屋、草床和草桌。岛上还建有草编的瞭望塔。托托拉草的嫩根是乌罗人的食物之一，也是防止许多病痛的草

热情好客的乌罗妇女

药。像安第斯山区的其他土著居民有嚼古柯叶的习惯一样，提提喀喀湖的乌罗人嚼的是托托拉草根。除此之外，他们身上哪里不舒服就会在哪里缠上托托拉草。据说草叶可以吸收掉疼痛。天气太热时，他们会把草撕开贴在脑门上以避暑。

托托拉草还是乌罗人在浮岛上饲养家畜的饲料。如果有多余的草，他们就送到岸上去，用来交换粮食。

乌罗人需要经常在湖上采集托托拉草以修补草岛和草屋

据统计，目前在提提喀喀湖上有四十几座乌罗人的草浮岛。其中大的方圆两三百平方米，住十来户人家。小的只有不到一百平方米，住一两户人家。在二十世纪八十年代以前，这些浮岛在远离陆地的湖的深处漂浮着，乌罗人几百年来在水上过着远离尘世的简朴生活。

1986 年提提喀喀湖区遭受罕见的大暴风雨，许多草浮岛都被严重损坏。乌罗人出于安全的考虑不得不把浮岛迁移到了离岸边较近的地方。他们也希望能在陆地上找到一些能够维生的工作。但是，他们却因为不适应城市的现代生活方式而四处碰壁。正在他们感到绝望的时候，机会却随着普诺市旅游机构找到了他们的门上。

普诺市是提提喀喀湖秘鲁一侧最大的城市。因为它离秘鲁最负盛名的马丘比丘古印加圣地和库斯科市的黄金旅游线路不太远，从世界各地来的游人很多。让靠近乌罗人浮岛的、有生意头脑的普诺市旅行社看到了新的机会。提提喀喀湖乌罗人浮岛旅游项目马上被开发出来，至今它已经是秘鲁旅游的一张新的王牌了。

乌罗人是非常朴实和好客的民族。越来越多的从世界各地来的游人使他们看到了自己民族文化的价值，让他们感到了自豪。旅游开发为他们带来了经济收入，让他们看到了生活的希望。因此，他们非常热情地向游客展示自己独一无二的草岛和草屋。我们刚一下船踏上浮岛，男女主人就给每个人戴上了一顶乌罗人的彩色线帽。据说这种漂亮的手织线帽每一顶都与众不同，制作它的人从人群里一眼就能把自己的作品认出来。

浮岛的主人迫不及待地用模型向我们介绍浮岛的制作过程，带我们参观他们编制的精巧的茅草屋和编成鱼的形状的瞭望塔。主人维克多在一大块石板上一边煮土豆，一边讲起六年前他们第一次接待游客的情景。那是一对上了年纪的德国游客，维克多的妻子按照乌罗人的习惯给他们煮了一条刚从湖里捞上来的鲜鱼，但德国游客却因不习惯而婉言拒绝了。这让大家都很尴尬。后来旅行社的人安排他们到普诺市的酒店去专门学习西方游客习惯的烹饪方式。现在他们已经能做不少饭店菜谱上的地方菜了。

由于浮岛需要经常更换草捆、割草、晾晒、打捆，因此，乌罗人日常的劳作十分繁忙。游人的到来分散了他们大量的时间和精力，自然加重了他们的负担。为了能够在旅游开发的同时保持他们传统的生活方式，也为了能让所有的乌罗人家庭都能分享旅游收入，提提喀喀湖上的乌罗人社区采取了各岛排班、轮流旅游值日的方式。每天由几个浮岛接待游客，其它的就进行他们的日常劳作，捕鱼打鸟，维护草岛和编织草编手工艺品。

浮岛上的生活简单快乐。男人每天驾草船去湖上捕鱼割草。女人在岛上编织、饲养家畜。现在所有的浮岛上共有六间小学。乌罗人的孩子就在岛上的小学上学，希望继续升学的年轻人则需要到岸上的城市里去上中学和大学。

浮岛上没有通电。现在有些人家安装了太阳能电池为夜间照明提供有限的电力。维克多指着他家草屋里的一台小电视机告诉我：“如果把几盏灯关上，我们就有电可以看电视了。”

我们按照旅行社事先的建议，出发之前在普诺市买了一些新鲜的水果和蔬菜带上岛，作为礼物送给主人。他们非常高兴。主人一家给上岛的女性客人每人披上了一件白色的传统大披肩和色彩艳丽的乌罗人大肥裙子，然后邀请大家与他们共舞。于是，在印第安人的排箫欢

乌罗人在草岛上编织

快的乐曲声里，男女老少，牛仔裤、登山鞋、大披肩、黑圆帽，在颤颤悠悠的浮岛上手舞足蹈，笑声和尖叫声响成一片，像提提喀喀湖清澈的水波，在世界第二屋脊上荡漾开去。

乌罗人用草编制的龙船

漂浮在提提喀喀湖上的草岛（二）

第四篇 以土为材，大地为本

如果要观赏泥土建筑的杰作，再没有比去非洲北部更合适的地方了。撒哈拉大沙漠为那里的泥匠提供了取之不尽的建材和大显身手的舞台。在西非的马里、加纳和布基纳法索等国以民间传统制陶艺术而闻名。可以说那里的传统民居就是西非陶器放大了的作品。在那片土黄色的大地上，每个部落都有自己独特的住宅形式，但又都有同样的泥土本色，同样的原始古风。

值得探求的是，在那些简陋至极的泥屋深处蕴涵的对生命和自然的理解。的确，世界上其它地区的传统民居在外观上都要比非洲的泥屋更有形，但似乎没有哪一处能被赋予了非洲泥屋那样深奥的含义。不会忘记一位研究非洲民居建筑的学者说过的话："西非土著民居就是一个躺倒在大地上的人形。"

19 土耳其

卡帕多西亚，精灵的烟囱

卡帕多西亚位于土耳其的腹地，是一片大约十万平方公里、平均海拔千米的内陆高原。它是数百万年前一次又一次火山爆发留下的遗产。火山每次强烈的喷发都会在地表留下厚厚的火山灰。在漫长的时间里，灰层被不断地积压，成为几百米厚的凝灰岩层。随着表层熔岩的冷却，地表的岩层出现了大量的裂缝，地表水沿裂缝渗入，把深层的松散岩层很快地削切出千沟万壑。在表层缺少坚硬的岩层保护的地方，下面的凝灰层崩塌了。而在有坚硬的玄武岩层保护的地方，下面的凝灰层得以保存，被水切割成了一根根相互分离的石柱，进而再继续被风化成为尖锥状。

这一地区既缺乏树木又没有坚硬的石头等传统的建筑材料，但得天独厚的凝灰岩土正是修建洞穴式民居的绝好材料。凝灰岩多孔松软，只要挖开相对坚硬的表层以后，不需要什么特殊的工具就可以相当容易地挖掘掏洞。于是不论是山崖还是那些奇形怪状的尖锥形石柱都成了人们修建洞穴建筑的场所。人们在这种山岩上挖掘时不用事先设计，也不用考虑屋顶、柱子等支撑结构，几乎完全可以随建随设计。一般来说，两个有经验的工人用二十天的时间就可以掏出一间两米高，二十米见方的房间。

人们还在窑洞里挖出门窗，从上到下凿出楼梯逐级而下，建成多层的“楼房”。凝灰岩除了易开凿外，还有良好的热绝缘特性。卡帕

多层窑洞（一）

多层窑洞（二）

多西亚地处内陆高原，气候夏季干热冬季湿冷。在凝灰岩窑洞里居住，冬暖夏凉。夏天窑洞里的凉爽与室外的干热形成了鲜明的对照。冬天只要在窑洞里生上一会儿火就可以供室内长时间的取暖。

卡帕多西亚的窑洞民居不仅有卧室、厨房、酒窖，甚至还有牲口棚。为了躲避战乱，许多居民还在尖锥形石柱的顶部修了藏身所。人在竖井里用梯子登上顶部的密室以后撤掉梯子，再盖上顶盖，可以凭借密室里预先储藏的食物与水坚持好几天的时间。

精灵的烟囱

当年奥斯曼帝国的军队在征战途中路过卡帕多西亚时，看到这样奇形怪状的石柱里竟然住着人，不胜惊讶，便给它们起了个独特的名字——“精灵的烟囱”。

卡帕多西亚的窑洞群

卡帕多西亚被土耳其人占领以后，因为游牧民族居住方式的不同，土耳其人在一开始还是在“精灵的烟囱”边上搭起自己的帐篷驻扎。不久，他们发现了洞穴住宅冬暖夏凉的好处，也开始修建自己的窑洞。不过，与定居民族的住宅大间套小间、卧室厨房齐全的形式不同，土耳其式的窑洞保留了游牧民族的特点，窑洞大都修成了一个帐篷一样的大厅。

卡帕多西亚的一个独特的景观是窑洞式的鸽子笼。人们常常在光秃秃的山崖上见到一排排多层的“鸽子窑洞”。它们是方形的小洞，四周用不同的颜色标记，装有木头或金属的栏杆。在鸽子洞里有专门孵化用的单间和供鸽子栖息的木架。这些山崖上的鸽子洞往往通过狭窄的石阶暗道才能到达。

除了作为理想的建筑材料，凝灰岩还为卡帕多西亚的居民提供了良好的农耕条件。火山凝灰岩本来就含有丰富的矿物质，当地人又把本地盛产的鸽子粪与细沙般的土壤混合起来，使土壤变得更加肥沃。饲养鸽子在卡帕多西亚有悠久的历史。鸽子粪是当地农业肥料的主要来源。鸽子也因此有着相当神圣的地位。在古代不论是鸽子还是鸽子蛋都是禁止食用的。

地下洞穴（一）

地下洞穴（二）

除了山崖上的奇异穴居，在卡帕多西亚地区还发现了大量的地下穴居。它们大部分建于古罗马时代，主要作为当地人躲避战乱的藏身所。它们多由一条秘密的暗道通向地下，在暗道的两侧藏有暗穴。里面的人在必要时可以推出大石头阻挡敌人的入侵。在暗道的上方修有暗孔，平时通风用，有入侵者时人们可以从上面泼下热油来袭击敌人。

地下穴居就像庞大的蚁穴群，有的可以深入地下七八十米，高达十几层。每层都可以独立关闭，入口用磨盘石挡住。外人从外面很难想象得到在这个不起眼的小洞背后藏着四通八达的地下城。里面既有藏身和屯兵的地方，又有储藏室、牲口棚和水井，甚至还有教室和祈祷室。更令人惊奇的是卡帕多西亚地区很多地方都发现了这样的地下城，据说它们的总体规模甚至比地面上的村落还要大，足以供卡帕多西亚所有居民藏身之用。

这座庞大的地下城虽没有“精灵的烟囱”的名气大，但是它更神秘，它的修筑目的引起了人们的好奇和猜测，甚至有人认为它们是外星人的作品。不过，根据对地下城的结构设施和曾经使用的痕迹分析，发现这些地下的洞穴群在当年并不是人们长期居住的场所。尽管设施齐全，但低温潮湿、不见阳光，并不是人类理想的长期居住场所。因此，多数人认为卡帕多西亚地下城只是当时人们躲避战乱和屯兵的临时场所。

卡帕多西亚特殊的地貌

有人提出了“特洛伊木马”之说：公元六至八世纪，拜占庭曾经屯兵于卡帕多西亚，以抵抗波斯和阿拉伯军队的不断骚扰。地下城很可能在当时作为重要的屯兵地。当进犯的敌人在地面上走过去以后，地下隐蔽的军队突然从地道里冲出来，可以与正面抗敌的友军前后夹击敌人。

几千年来，卡帕多西亚地区是多种民族和宗教冲突的焦点，历史极为错综复杂。无论神秘的地下城里到底发生了什么故事，有一点是可以肯定的——这种地下的洞穴是良好的储存库。肥沃的土壤让卡帕多西亚盛产水果和蔬菜。从古到今，卡帕多西亚人一直在地下洞穴和家里的洞穴里储藏当地盛产的杏子、柠檬等水果和粮食。据说在那里储存的种子在几十年以后仍可以发芽。

“精灵的烟囱”是一种并不罕见的地貌。在地球上许多有着类似的地理条件的地方都可以见到这种奇异的景观。然而它们却难以与卡帕多西亚的“精灵的烟囱”相媲美，正是几千年人类生活留下的蜗居，让卡帕多西亚的“精灵的烟囱”的美有了灵魂。

20 非斯，高墙背后别有洞天

摩洛哥

非斯，万巷之城，摩洛哥的精神、文化之都。我站在山坡上望着脚下这座有着一千二百年历史的古城，却感到了一丝没有意料到的沮丧：用来形容一座千年古城常用的词汇诸如“辉煌”“壮丽”“宏伟”，在这里似乎全都派不上用场。一大片高高低低毫不鲜亮的泥土建筑杂乱无章地拥挤在一起，在阳光下像被蒙上了一层灰蒙蒙的尘土。只有散布在各处的清真寺的绿色屋顶稍稍打破了单调的土黄色。

走进非斯老城的城门，四通八达的巷子让人顿时失去了方向的辨别力，似乎所有的小巷都在招手。每一条都暗藏着一个古老的秘密。我克制着自己的好奇心，选了一条比较明亮的巷子走了进去，顿时感到自己像爱丽斯迷失在了奇妙世界里。

到处都是货摊，四面八方传来招呼声。摩洛哥的小贩是世界上最热情和最锲而不舍的生意人。他们回答游客的问价永远是两个字：“不贵”。我试图了解一条漂亮的摩洛哥围巾“不贵”到什么价钱，那个满面笑容的年轻人的回答还是那两个字——“不贵”。

讨价还价是摩洛哥人生活中的一部分，问了价格二话不说就掏钱的顾客显得十分无趣。这里与北京老秀水街市场购物的规矩竟然不约而同地相似：先把价钱砍去一半再谈。不过，对于谈了价后却没掏钱的顾客，在这里却很少会遭到“白眼”。摊贩显然已经从讨价还价中得到了金钱之外的某种乐趣。

俯瞰非斯老城

驮着货物的驴子迎面慢吞吞地走了过来。它不紧不慢的步子和对四周视而不见的目光与拥挤热闹的气氛很不协调。看不到头的小吃摊上散发着各种阿拉伯香料的香气。

嘈杂的集市，不绝于耳的叫卖声，令人目不暇接的吃穿用品、旅游纪念品和摩肩接踵的游人，这一切都涌动在那片在山坡上看到的灰蒙蒙的破败的建筑群深处。我本来有些泄气的心情很快变得兴致勃勃甚至躁动起来。

打开手中的非斯地图，好不容易才在蜘蛛网一般密密麻麻的街巷群里找到了预订的那家“利雅得”的位置。我还不知道自己将走进一个“芝麻开门”式的奇妙去处。

“利雅得”是我今晚落宿的家庭旅馆，也是沙特阿拉伯首都的名字。在阿拉伯语里它是“花园”的意思，特指那种带花园的阿拉伯传统庭院式建筑。在阿拉伯国家的古皇城里，利雅得可以是国王和苏丹华丽的宫殿，也可以是平民百姓家里普通的院子。利雅得的规模和装饰程度取决于主人的身份地位和财富程度。前者的花园奢华瑰丽，水池喷泉、奇花异草，后者的花园小巧精致，喷泉花砖，至少会有几棵柠檬树。

利雅得式的传统建筑是摩洛哥的重要文化遗产。它的渊源来自更久远的古波斯和古罗马宫廷建筑。在伊斯兰教的教规里，不允许女人在外人面前抛头露面。她们只能深居简出。利雅得的建筑形式很适合这种传统。

利雅得的特点是内向型的庭院式建筑。高墙厚壁，对外少窗或无窗。内部以一个方形或长方形的露天庭院为中心，围绕着这个天井的是两到三层的带走廊的居室。露天的庭院是整座建筑的核心，种有橘树、柠檬树、芭蕉树和灌木树丛。庭院的地面全部用花砖铺就，中心位置一般设一个喷泉。最穷的人家也至少有一个简单的水池。

高墙小门背后别有洞天

带喷泉的院落

喷泉和水池并不只是庭院里的装饰物，它们起着很重要的调节温度的作用。在摩洛哥的夏季，气候非常燥热。气温常常达到四十摄氏度。外面进来的热空气经过水池冷却后流通在整个庭院里，再从天井上方的开口散出去，从而起到调节温度的作用。所以，在夏天利雅得里的温度与外面的酷热形成了明显的反差。

这种反差也是我走进利雅得客栈时的第一个感觉。在非斯炎热嘈杂的城里转了一天，口干舌燥、筋疲力尽。敲开了预订的利雅得客栈的门，一阵凉爽迎面而来，眼前跟着一亮，不知自己身在何处。那个灰蒙蒙、乱哄哄的泥土城突然被关在了身后。自己竟身处一座华丽精美得让人目瞪口呆的阿拉伯宫殿当中了。

不论是最初站在山坡上俯瞰非斯全城，还是刚刚在城里穿过一条条迷宫样的小巷，除了华丽的清真寺和古皇城的宫殿外，满目皆是破旧无奇的泥巴房屋和昏暗狭窄的小胡同。无论如何也想不到在那些又干又厚、连窗子都没有的斑驳土墙的背后藏着的竟是这样一片洞天！

粘满尘土的鞋子下是铺满美丽的花砖且一尘不染的天井地面。耳边只有庭院中央雅致的喷泉轻轻的滴水声，让人难以想象刚才还身处乱哄哄的闹市。绿荫婆娑，隐隐飘来柠檬的清香。环顾四周，宽敞的天井的四周由数根立柱分隔出不同的厅室。立柱上包饰着精美的阿拉伯图案。柱子的顶部是洁白的石膏浮雕。在它们的上面，二楼的房间全部由带拱门的木雕廊围起来，宁静中透出庄重。

在底层高大的廊柱的背后，利雅得最重要的场所——客厅面向庭院完全敞开。一道薄纱门帘高悬在客厅的纪念碑式的高大拱门上方。洁白的墙壁烘托着深棕色用柏木雕琢的门框、围墙和壁炉，透出一种优雅的贵族情调。

在非斯著名的大清真寺参观时，曾经为墙壁上那些华美得让人头晕目眩的阿拉伯马赛克图案而惊叹。不想在这样的普通人家里，建筑的装饰也是这样一丝不苟毫不逊色。

当我在庭院里东瞧西看赞不绝口的时候，从二楼客房走下来一个

皇宫般的利雅得庭院

来自法国的女孩。相互问候以后，她就像在自己家里一样随意坐在喷泉旁的水池边。主人为我们端来了薄荷茶和各种干果。法国女孩的随性也让我放下了初进洞天时的拘禁。她告诉我她这已是第三次来非斯这家客栈度假了。

“每次来都不想再走了。”她亲昵地看着女主人说。据说她还认了女主人作干妈。

我诧异摩洛哥也有认干妈的习俗，不由想起在丽江的客栈度假的日子。摩洛哥的利雅得和丽江的客栈有许多相似的地方，都是用传统民居作为吸引游客的亮点。虽然文化风情不尽相同，但有着同样令人流连忘返的魅力。不同的是，非斯的利雅得外面的环境远不如丽江的秀美，但是它的内部环境和装饰却比丽江客栈宁静、典雅得多。

就连利雅得家庭旅馆的诞生也与丽江客栈有非常相似的地方。

利雅得庭院和室内装饰

十多年前，非斯古城和摩洛哥另一座古代名城玛拉喀什一样，大量的建于十六至十九世纪的传统利雅得民居因年久失修和居民外迁而濒于破败塌垮。同时，许多来摩洛哥旅游的欧洲游客的兴趣从表面的景点观光开始转移到对摩洛哥悠久的历史和深层的文化传统上。分布在非斯和玛拉喀什古城迷宫般的小巷高墙背后的传统民居就像深藏的摩洛哥文化瑰宝，引起了游客们的注意。

三层利雅得的天井

基于各种不同的原因，或者是为了抢救和保护古老文化遗产，或者是为了做房地产投资，或者就是为自己购置一处异国风情的别墅，越来越多的破旧利雅得被本国有识之士和外国人买下来。自二十一世纪初，非斯和玛拉喀什的老城里开始了大规模的利雅得修复工程。

幸好，大多数利雅得的修复者并没有打算在断壁残垣上按照一千零一夜故事的描述新建一座传说中的阿拉伯宫殿，而是尽量保持和恢复传统民居的本来面貌，让它们“回到”三百年前。

利雅得客栈也在那时应运而生了。作为以营利为目的的旅馆，这类利雅得的修复和改造不免添加了一些传统的利雅得民居不曾有的设

利雅得庭院

施。室内加置了空调和取暖设施，喷泉旁出现了私人泳池，加建了过去只有个别富裕人家才有的土耳其浴室，甚至敞开了几百年的天井也被装上了彩色玻璃的棚顶封闭起来，目的是为了让游客在雨天也能在庭院里享受闲暇时光。房顶的天台过去是家里的女人或者仆人干家务活的地方，现在放置了阳伞和凉椅，成了游客们白天做日光浴，黄昏和夜晚纳凉的最好场所。

我不是一个休闲型的旅游者。旅途上很少有哪里能留住我匆匆的脚步，但摩洛哥的利雅得客栈是个例外。我甚至在非斯多逗留了计划外的两天，为的是观赏和体验另外两家风格不同的利雅得。

黄昏时，我登上了屋顶的天台。夕阳下，晚祷的呼唤在非斯老城的上空响起。它越过脚下那些土黄色的屋顶向高处飞去。我的目光随着它投向远方，看到了阿特拉斯山脉雄伟的身影。主人说，在一个多月以前，那山巅上还能见到皑皑的积雪。

21 突尼斯

突尼斯土窑，柏柏尔人的避热所

位于撒哈拉大沙漠北部边缘的突尼斯达哈尔高原是一片让人酷热难耐的干漠。这里是北非柏柏尔人居住的地区。像北美的印第安人一样，柏柏尔人是非洲北部的土著居民。在阿拉伯人统治这片地区以前，柏柏尔人早已在北非生活多年。在阿拉伯人统治的数百年里，柏柏尔人被驱赶到了自然条件严酷的高山和荒漠地区。突尼斯是在摩洛哥之外柏柏尔人最多的国家。他们主要分布在东南部的达哈尔高原，从西北部的马特玛塔一直到叙利亚边界。这一地区人烟稀少，景色荒凉，却又最完好地保存着柏柏尔人传统的土窑式民居。

达哈尔地区地处撒哈拉大漠边缘，常年干旱酷热，但罕见的暴雨却常常以突袭的方式不期而至，突发而来，又瞬间不见了踪影。来不及被滋润的焦土因此会被阵发的洪水裹挟流失，阵雨过后还是干得冒烟的大地。这里到处都是漫漫干焦热土，树不成林、石不成片，黄土自然就是唯一的建房材料。当一年四季烈日炎炎，一切被长达数月的四十摄氏度酷热所包围时，地下自然是唯一可以躲避炎热的地方。柏柏尔人窑洞就是当地人找到的最佳传统民居形式。在这样的自然条件下，应运而生的土窑有两种形式，一种是坑壁式的地下窑洞——格尔法；另一种是要塞式的地面多层土楼——库苏尔。

柏柏尔人的传统民居——格尔法是建在地下的洞穴式土窑。但是，它们与传统的窑洞不同，不是在天然的山崖上掏凿出来的洞穴，而是在人工挖出来的露天大坑的四壁上掏建的窑洞。因此，又被称为“天井式窑洞”。

位于突尼斯南部的马特玛塔村是这种天井式窑洞保存最好的地区。在建造天井式窑洞时，人们先在山坡下挖出有两三层楼深、直径一二十米的大圆坑。然后把大坑周围的土层夯实，再在竖直的内壁上掏出一圈多层的窑洞。下层窑洞是住房和厨房、羊圈，上层是储藏粮

天井式的窑洞——格尔法

食、草料、椰枣和橄榄的仓库。居民从山坡上通过一条台阶下到坑底。这入口有时是一条直上直下的台阶，有时是一条横向的暗道。除了“主坑”外，有时还会有一些规模较小的次级小天井通过狭窄的小巷或者暗道与主坑相连。每个次级天井也都分别有各自的住户和院落。

严格地说，这种地下窑洞是开放式的半地下建筑，但它们仍然能很好地起到保温隔热的作用。在窑洞里的温度冬季保持在十五六度。即使在最热的夏天，室内气温也可以保持在二十三至二十五度。

达哈尔地区荒蛮的自然景观和那里造型奇特的柏柏尔人传统民居曾引起了好莱坞导演乔治 · 卢卡斯的注意，从而被选作了他的著名的科幻影片《星球大战》的外景地。《星球大战》的主人公之一，卢克 · 天行者就曾经在这种天井式的奇异土窑里生活。实际上，电影里卢克 · 天行者的家是马特玛塔村的一个小有名气的旅游饭店，也是突尼斯柏柏尔人传统民居的经典代表作。

令人遗憾的是，风靡全球的《星球大战》为突尼斯的格尔法带来了一些好奇的游客，却没有留住当地居民搬离格尔法的脚步。正如马特玛塔村的一间“突尼斯土窑展览馆”的主人无奈地说的那样：“在这里除了凉快外，什么都不方便。我们早已不住在这里了。留着这间小展览馆给游客参观只是我们挣钱的一种方法。”

《星球大战》的主人公卢克 · 天行者的家

建筑在地面上的柏柏尔人的民居叫库苏尔。它是柏柏尔人保存最完善的传统民用建筑。十一世纪时，东方的阿拉伯人侵占了这片地区，使土著的柏柏尔人被迫退到了深山里，并且修建起要塞式的村寨以自保。在后来的数百年里，这种民居形式逐渐适应半游牧式的生活方式。村民们每年要有好几个月在外放牧。在冬季里他们需要有安全的落脚的地方。他们的粮食和细软也需要固定的地方存放。库苏尔就成了他们选择的住宅形式。

突尼斯南部的塔陶乌尼是库苏尔式的土堡保存最多的地区。十九世纪以前在塔陶乌尼地区的一些较大的村庄曾有数百洞库苏尔。它们多以环形或者半环形排列，围绕成一个小广场。众多眼土窑相互为邻，组成三至五层墙式窑洞，顶部的每间窑洞都有各自的拱顶。窑洞的小木门开向中心的小广场。库苏尔的下层是居住的地方和牲口栏，上层储藏粮草。小广场是村民们日常交流和商品交易的地方。乡村之间来往的骆驼队也在小广场上歇脚和借宿。规模较大的库苏尔的占地可达六七千平方米。从外部看，库苏尔的外墙竖直，只留有一些小通气孔，但也有隐秘的通道作为库苏尔的入口。建在山上的库苏尔往往与四周土山混为一体，很难被外人发现。

值得注意的是，因暴雨等自然灾害的破坏和随着人们对更舒适方便的生活条件的追求，许多老旧的库苏尔都已经或者正在被废弃。现在已经很少有村民仍旧生活在库苏尔里了。过去在塔陶乌尼的格尔玛萨村，曾经有四千人居住在库苏尔里，但现在只有两三家人还在里面居住。其他人都在近十年里陆陆续续搬到村子里新建的房子里去了。现在还在库苏尔里居住并且开了一间小茶馆和旅游纪念品小店的格尔玛萨老村民说：“村子里的年轻人都到外面去上学或者工作了。他们回来探亲度假时都不愿意住在这种缺电少水的老土窑里。这样落后的生活方式让他们感到沮丧。”

地面上的土窑——
库苏尔（一）

然而，被逐渐淘汰的老库苏尔毕竟是柏柏尔人祖辈居住的根。即使他们不再在那里居住了，不少人家还是利用那些老土窑作为仓库或者榨油小作坊。村民们在闲暇的时候也常常去库苏尔围起的小广场上喝茶聊天。

地面上的土窑——
库苏尔（二）

二十世纪八十年代以来，在保护传统文化的宗旨下，突尼斯政府和一些国际组织帮助塔陶乌尼地区抢救和修复了一批老库苏尔，作为旅游开发的项目。但是因为达哈尔地区十分偏僻，自然条件和交通都不发达，到这里来的游人并不很多。因此，古老的库苏尔还是没有真正恢复生机。

地面上的土窑——库苏尔（三）

现在人们已经不在库苏尔居住了，这里成了旅游景点

22 西非

西非民居，泥土与生命的联想

西非大地与撒哈拉大沙漠为邻，却躲开了不毛黄沙的严酷。尼日尔河与塞内加尔河像母亲张开的双臂，挡住了北方的沙魔，并用乳汁滋润了这片肥沃的土地。泥土、水、阳光和空气，在西非文化中，宇宙的这四个基本元素，不仅造就了人类本身，而且无时无处不在主导着西非人生活中的一切。

建屋居住是人的生活当中最重要的活动之一。它非常形象地体现了人与自然界的密切关系。从西非土著民族对建造房屋的理解和态度上，我们看到他们与我国古老的风水概念有着很相近的契合。他们认为大地不仅是一片让人居住和生活的地方，而是一个复杂的生命体，人类必须对她尊重。动土建屋是对大地血脉的侵入和破坏，是在大地上留下印迹和斑痕，因此，要正确地选择建屋的地点、时间、朝向、格局和方式。用他们的话来说，建屋前要先请相当于风水师的巫师来“观察大地的面孔”。

西非的地表土层多为含沙的红黏土，它是人们建屋的理想材料。把红黏土与一定比例的沙土、水和秸草相混合就可以直接用来建造房屋。黏土建筑的保温绝热性能好，可塑性强，而西非的红黏土在烧制陶器和建造泥屋上尤其有名。西非民族的文化传统对一个家族是否兴旺的评价标准不是看它拥有的土地的多少，而是看它是否人口兴旺。因此，总有新房子在不断修建，而身边的黏土为人们建房提供了方便。

多贡人的村寨

西非的泥屋大部分没有地基，只是在设计的房基的外缘先用泥土垒起一道约半米高的基墙，用手掌把内外抹平。待这基墙完全干燥以后，再不断往上添泥加高。每加上一层泥都需要干了以后再加新泥。最后用细胶泥把表层抹平，趁未干时进行装饰。泥屋的外表装饰丰富多彩，它不仅美观而且有助排雨水的作用，可保障泥屋的持久。泥土民居的建筑技术和美学是西非文化中非常重要的内容。

在西非民族的概念里，房屋是宇宙和人类的镜像。房屋的每一部分都对应着人的机体和生命。马里的多贡人村庄背靠五百米高、绵延一百五十公里的邦贾加拉绝壁而建，目的是防御来自尼日尔河三角洲好战部落的袭击。在高大的绝壁的脚下，小泥屋群居在一起。泥屋之间由小窄道或者天然的石头、石壁隔开。每户人家都是由数座平顶的方形小泥屋围在一起，都有一两个粮仓，盖着草帽样的尖顶。

走马观花的游人在多贡村庄里看到的是简陋至极又颇具原始风情的村落，却不知道这些看上去完全是随意垒起的泥巴小屋所表达的深刻内涵，所诉说的是多贡人关于对人和生命的理解。

多贡民居基本最外面都是一个外屋，作为外人进入这个家庭的中间地带。外屋里有桌子和台子来接待客人。家族里年纪最大的老祖父住在外屋里，他的责任是负责全家的安全，而且也有介于生者和死者之间的意思。外屋的里面是中院，是女主人日常劳作的地方，两侧是狭长的厢房。院子的最里面是圆柱形的厨房，厨房的顶上有平台和烟囱。

西非民居多以泥土为墙，茅草为顶

这个简单的格局表达了多贡人对“人”的理解。他们把自然界的元素与人体相对应，认为土相当于人的肌肉，水相当于血脉，石头相当于人的骨骼，墙壁是人的皮肤。厨房是一个家庭最重要的部分。厨房不仅仅是做饭的地方，它的烟囱相当于人的呼吸管道。在多贡民居的结构上有许多对男人和女人身体的联想。男女合一所代表的生命概念生动地体现在房屋的格局上。中院是一个躺着的女人的身体。院子里的四根柱子相当于她摊开的四肢。外屋和中院的顶部是男人拱起的脊背。两侧厢房是他的手臂，大门是他的性器。与大门相对应的中院门——女人的性器敞开，准备交合。男人女人的呼吸通过院子最里面厨房的烟囱排出去。

居住在多哥和贝宁北部的巴塔玛力巴人的民居格局与马里的多贡人的民居有相似的概念，除了人形的院落以外，他们的表达更加细致。他们在院墙上做出小洞，代表人的五官。柴堆代表牙齿。大门顶上的长条形状代表血脉，院子中央的蛋形谷仓代表人的胃，长沟代表男人的阴茎。甚至在最后面的厨房背后用一条中央沟代表肛门。

妇女们在往墙上抹泥

穆斯古姆人的钟形泥屋（一）

巴塔玛力巴人的民居很早就被西方学者认为是西非最杰出的泥土建筑之一。在当地的语言里，“巴塔玛力巴”的意思就是“真正的建筑师”。他们的村寨就像一座小小的泥土城堡，由数座圆柱形泥屋围成一圈，被高墙连接起来形成一个防御功能很强的泥堡群。在内部的中央有一个独立的尖顶草屋，它与外圈的泥屋之间的院落一半有顶，另一半开放露天。整个院落的格局按大地女神布丹的身体来安排，与马里多贡人的院落有异曲同工之合。

对西非民族来说，生活就是创造。建筑总要联想到人的生命本身。生命的循环体现在居住的每一个环节上。逝去的先人在西非的社会里拥有非常重要的地位。他们无处不在，人们在生活里的所有重要场合都要请示先人的意见。建房造屋也是如此，否则先人会拒绝住进新的房屋，这对后代是一个大灾难。因此，在泥屋院子的门前都有为先人准备的祭坛，它们用锥形的土堆来表示。许多西非泥屋的大门都朝向西面。其中的原因有诸如风向、雨向和地势等不同的解释。但巴塔玛力巴人认为西面是太阳村的位置，先人住在那里。因此，大门要向西而开，随时迎接先人的归来。

穆斯古姆人的钟形泥屋（二）

西非民族多为父系社会，房屋归男方家庭所有。居所随着家庭的扩展、男性成员的成人和成家或者男性成员的去世而不断发生变化。一个家庭的泥屋的数量是这个家族是否兴旺的标志。新媳妇娶进门需要建新屋。女人生了孩子以后才有权再建新屋。西非的谚语说：“是孩子的到来让父母有了尊严。”无子女的夫妇在家族和先人面前都不完整。死后他们的泥屋要被拆掉，种上烟草。

住在喀麦隆和乍得北部的穆斯古姆人的钟形泥屋是最有特色的非洲民居之一。它们就像一个个巨大的古钟倒扣在地上。与其说它们是泥瓦匠的活计，不如说是艺术家的作品。因为当地缺少木材，钟形泥屋没有任何梁柱，只靠土、水和手来建造。这些泥屋没有地基，直接摆在地面上。它的基层的直径为五至七米的圆形，墙壁最厚，然后逐渐向上收缩直径，墙壁也变薄，到顶部时达到七八米高，形成完美的圆锥状。顶端留有烟道，作为通风和照明之用。

钟形泥屋最具特色的是表面大量凸起的泥土“鳞片”。它们一圈圈呈阶梯状围绕，看上去像穿山甲的外壳，十分奇特。这些“鳞片”除了可以加固墙体外，更重要的是起到导流雨水的作用。另外，它们还可以作为台阶，在人们对泥屋进行维护翻修时使用。

阳光、红土、水和空气，先人的目光，男人和女人的生命活动，这一切构成了西非传统民居的要素。在那些貌似原始简陋的泥屋背后是对自然和生命的永恒思考。

巴塔玛力巴人的村寨

23 马里

马里村庄，黑非洲泥土建筑的经典

一般来说，宏伟的、著名的大教堂都位于历史悠久的城市里，但伟大的用泥土建造的大清真寺却是在非洲马里中部的一个小村庄里。

这个村庄名叫杰内。它位于撒哈拉大沙漠和非洲干旱草原带的交界处、尼日尔河和巴尼河之间的三角洲上。这里是一个洪泛区。一年一度的雨季过去以后，尼日尔河拓宽了好几倍。杰内就变成了一个被大水包围的孤岛。洪水退去以后，留下了纵横的河汊和大片的湿地，杰内人就在这里捕鱼、种稻和放牧。无论是雨季还是旱季，这里最不缺的就是泥土。湿的泥、干的土自然成了杰内人建房的唯一材料。上千年不变的泥屋是杰内的特产。

杰内大教堂的院内

虽然在当代，杰内只是个普通的村庄，但它有着非常悠久的历史，是一个穿越撒哈拉大沙漠到达大西洋边的西非商道上的重镇。杰内最早建于九世纪。十六至十七世纪曾经被摩洛哥统治。十九世纪末，马里曾经是法国在西非的殖民地之一。法兰西文化也在杰内留下了明显的痕迹。一千多年来，南来北往的商旅带来了商品和货物，也留下了不同的文化和传统。一个又一个时期的发展，如同一层又一层的渲染，让杰内一点点改变着颜色。一位研究非洲文化的学者这样形容杰内说：它就像一块黑非洲朴素的土布，一点点被编织进了北方伊斯兰文化五颜六色的织锦。

大清真寺位于杰内村中心，是非洲西部泥土建筑的经典代表作。它的高大宏伟、独一无二的造型和建筑材料是杰内人的骄傲，也受到从世界各地来的伊斯兰教信徒和游人的赞美。

1896 年，正是在昆波罗城堡的旧址上，杰内人建起了大清真寺。它的造型和规模经过了不同时期的统治者的改造和扩建。目前人们在杰内看到的大清真寺是在二十世纪初法国殖民统治期间设计和建造的。它是典型的苏丹风格的泥土建筑，高七十五米，六层多边形的基座面积七十五平方米、高三米。它的墙壁用四十至六十厘米厚的泥砖砌就，外表再抹上泥浆使其平滑。在朝东的正面墙体上，三座高大的方柱形主堡之间由一排锥顶圆柱形泥柱相连。泥墙在横向上向外伸出了许多芭蕉树的树桩，造型极为奇特，为大清真寺增添了独有的魅力。这些木桩有两个作用：一是作为维修时的脚手架，二是可以防止泥墙在变干时开裂。

大清真寺的外貌虽然很有魅力，但它的内部要平庸得多，而且光线相当暗。里面一半的面积用九十根柱子支撑起简单的屋顶，作为教室和祈祷室，另一半则是露天的庭院。

大清真寺半人高的土墙外有一个一平方公里的小广场。从小广场到清真寺的门口有六级台阶，象征着从平民到达先知的层层过渡。小广场是展示平民百姓日常生活的地方。尤其是在每星期一的市场日，从西非各地来的商贩聚集在这里，眼前摆着各种各样的土产，从鱼干到稻米，从木器到陶器，热闹非常。

杰内大教堂的正面

杰内的居民住宅区分布在大清真寺的东西两侧。东面多为富裕人家。房子较高大宽敞，街道规整。西区多为贫穷的村民，泥屋明显矮小简陋。地道的杰内民居是极具西非风格的简陋的泥巴屋。像一些方方的封闭的泥盒子，平顶、墙壁很厚，窗子又小又少。这是为了避免赤道烈日的炽热，同时也可以减少常年的沙尘进入室内。泥屋的缺陷是缺少“筋骨”，因为没有通常房屋的梁柱。尽管墙壁垒得很厚，但遇到较长时间的雨水浸泡还是会有坍塌的危险。

摩洛哥曾经统治了杰内近三百年。摩洛哥文化的影响不仅巩固了伊斯兰教在这一地区的地位，而且在民房的建筑风格上留下了深深的烙印。当时，常年来往与撒哈拉商道上的商贾都携带家眷。按照伊斯兰的风俗，住宅中男人和女人的居所是分开的。男人的房子建在住宅

杰内村的集市

居民的院落

最外面的二层上，便于观察街上的情景和接待客人。而家中女眷的房子建在院子的最里面。女宅的窗子都是便于屋里的女人观察外面，而外人却看不到屋里。本来杰内民居的门都修得又高又大，这是为了也能把马匹拉进来。但是，后来因为这样的大门也方便了“不速之客”，所以很多门都改小了。为了省事，有些人家干脆把大门用泥巴堵起来一部分，新的小门就开在老门上。

除了摩洛哥民居的建筑风格外，苏丹和埃塞俄比亚的传统也影响到了杰内的民居。它们主要表现在外观的装饰上。在杰内的房屋的正面经常可以见到苏丹风格的精美的门柱和饰有几何图案的外墙。这类装饰与主人的社会地位和财富状况很有关系。越富裕的主人，装饰得越华丽。

泥匠在杰内的社会中有着相当高的地位。他们既是房屋的建造者又是它的设计师。他们从镇子周围的洪泛平原上取来夹杂着草根和鱼骨的泥巴，和着尼日尔河的河水，用木模子制成泥砖。然后用祖传的手艺建成这座奇特的泥屋镇。虽然泥屋看上去十分简陋，但并不是什么人都能做个合格的泥匠的。过去，想成为泥匠的人从六七岁就要拜师求艺。师傅与徒弟的关系既是主仆又是父子。师傅拥有对徒弟的全部家长的权威和责任，甚至包括了为徒弟选择媳妇和送聘礼、安排婚礼等大事，而徒弟则要为师傅无偿干所有活计。现代的泥匠师徒关系已经转变成为雇主雇员的关系，徒弟可以从师傅那里得到少量的报酬。

徒弟每天除了帮助师傅干活外，还要上课学习泥匠的各种专门知识，从泥匠用的工具、对泥巴的选择到泥匠的技术，最后是泥屋的设计和制图。徒弟学成以后，师傅要在徒弟的家人面前正式宣布出徒，徒弟因此可以得到泥匠的执照。

杰内的泥匠们有自己的行业组织——泥匠协会。它负责制定各种规则标准，并且固定建房的价格和工钱。泥匠协会的年会一贯沿用古老的传统形式。开会时资历深的师傅们和年轻的徒弟们分别坐在会场的两侧。两名德高望重的主持人坐在中间，以便听取两边的意见。年会上最不可缺少也是最多余的一个角色是“传声人”。他负责高声重

杰内的泥土民居

泥土民房的窗子

复主持人和发言者的讲话。年轻的徒工如果有什么意见，也只能通过“传声人”才能讲出来。这个“话筒”的角色过去都是由奴隶来担任，因为奴隶既没有权利指责别人，也不值得别人来指责。奴隶制度消失后，现在的“传声人”多由当年的奴隶的后代来担任。

尽管杰内镇的泥土建筑号称有着数百年的历史，但严格地讲，现在人们见到的这些泥屋的真正年头都不是很长，这是由泥巴这种建筑材料的特点决定的。这些看上去敦厚结实的房屋，一到雨季就会遇到危机。最糟的时候，一场大雨就可以造成房倒屋塌。因此，每年人们必须在雨季到来之前对房屋彻底检查翻修一番，以防后患，就连宏伟的大清真寺也是如此。

在大清真寺翻修日之前的好几天，人们就要在许多大坑里准备好泥浆。因为泥浆需要不断地搅拌，孩子们借机跳进坑里，嬉笑打闹着就干了搅泥的活儿。翻修日那天，由泥匠协会负责组织大清真寺的翻修。杰内最有权威的泥匠师傅坐镇在清真寺前监督这一切。泥匠们登上清真寺墙上伸出来的脚手架，镇子里的男人们通过竞赛的方式把泥浆从大坑里传送到脚手架上。在热火朝天的劳动的同时，小广场上的妇女欢歌舞蹈，并且摆出传统的美食。大清真寺的翻修日是杰内人最重要的节日。

杰内大教堂的塔楼局部

24 彩陶泥屋，红土大地的传统建筑艺术

布基纳法索

去提埃柏拉村的土路两侧是两排高大的杧果树和猴面包树，在它们的后面一片片的谷子就要成熟了。红色的土地和绿色的植物组成了一幅色彩浓烈的乡村图画。几群泥屋出现在眼前，它们静静地坐落在光秃秃的大地上，像一座戒备森严的土堡，似乎随时都会有箭突然从里面向来犯者飞来。

不过这场景已经是百十年前的事了。如今在泥屋群里面传出来的是咯咯的鸡鸣、咩咩的羊叫和孩子们欢乐的笑声。

提埃柏拉村是西非国家布基纳法索南部的一个村庄，靠近加纳的边界。古鲁恩西族人居住在这里。提埃柏拉村以传统彩绘泥屋而闻名。

这种彩绘泥屋被当地人称为“卡塞纳斯”。它们是一群聚集在一起的圆柱形或者方形的平顶泥巴小屋，有门无窗。泥屋之间由半人高的泥墙相连又相隔开。在泥屋群的最外面用高大的、厚厚的泥墙围护起来，只有一个小门可以进入。外墙和内墙共同组成了迷宫样的小道，穿行在不同的泥屋之间。

在每个卡塞纳斯泥屋群里居住的都是一个大家族。泥屋有三种基本类型：圆柱形泥屋称为“德拉拉”，屋顶上用秸草盖成圆锥顶，里面居住的是单身男人。方形的泥屋称为“曼格罗”，由年轻的夫妇居住。按照古鲁恩西族的传统，都是女方嫁到婆家，因此，曼格罗是男

提埃柏拉村口美丽的泥屋（一）

提埃柏拉村口美丽的泥屋（二）

方家所有。较高大的被称为“丹尼安”的泥屋，是上了年纪的夫妇带着年幼的孙子辈居住的，里面有一间卧室、一个小厨房和一间客厅。丹尼安是泥屋群最早建筑的，是它的核心部分、祖先的神灵所在。家族中最有声望的老人居住在这里。老祖母在这里向子孙讲述先人的故事、传授本民族的文化传统。家族后代的泥屋都围绕在丹尼安四周逐渐增建起来。

卡塞纳斯泥屋群最原始的作用是防御，躲避外族敌人的袭击。因此，它的建筑格局如同碉堡，只有一个进口。人进去以后马上就进入泥墙夹道构成的迷宫阵，狭窄的小道被两侧的矮泥墙相夹，进来的外人被躲在泥屋顶平台上的人看得清清楚楚。

用彩陶泥墙围起来的院落

左丨彩陶泥屋和院落

右丨泥屋的门很矮，只能弯腰钻进去

让人不解的是，卡塞纳斯泥屋的门往往做得非常矮，人必须低头弯腰甚至爬着才能进去。对此当地的导游风趣地做出一个砍头的手势说了两个字："坏人。"原来这也是为了防御的需要。在过去，即使入侵者闯进了村子，在进屋时也不得不弯下腰来先把头探进屋里，结果就在他们的眼睛还没适应里面的黑暗时头上就挨了一棍子。

在泥屋群的内部，每个被矮墙隔开的小屋都有一个小空场。通过泥台阶可以登上屋顶的平台，泥磨盘在屋子后面，在空场上有圆形的平台供全家人日常干农活儿、编织、制作陶器和休息。最有特点的是家族中最年长的老祖母的厨房。它的入口形状很像一个女性的外生殖器。人走进去就象征着回到了母亲的肚子里。

在厨房的最外面有一张泥台子，上面放着石头碾子和装面的陶罐。在厨房的最里面有一个又矮又小的门，里面是一个更小的储藏室。这间秘密的储藏室十分昏暗，墙上和地上摆满了坛坛罐罐，里面装的都是备荒的储粮，只有在饥荒和紧急情况下才能动用这些救命的粮食。在密室里还有一些大大小小的葫芦。女人们常常把自己的私房钱和宝贝藏在里面。

传统泥屋无论外观形式如何不同，都有一个共同的特征——没有

窗户，因此，走进去让人感到光线很差。尤其是从外面炽烈的阳光下猛地进入这个封闭的空间时，眼前顿感一片黑暗，很久才能看清楚里面的东西。这个令人不解的泥屋的共同特征似乎与当地文化里对于光线的理解有关。西非的谚语说："光是空间的生命，而黑暗是它的灵魂。"虽然泥屋没有窗子，但在它的一些特定的部分往往留有一些小洞。天光可以从这些小洞射进室内。

在室内和院落的各种陈设位置的设计上都会考虑到阳光光线在一天当中移动的位置，令不同的部分在不同的时间里沐浴在阳光下。阳光从屋顶和墙壁上精心设计的洞口里像追光灯一样照进室内，在一天中不同的时辰扫过不同的角落和不同的器皿。这让人感到一种安宁，引起美好的想象，象征着大自然的生命力穿透墙壁，来到家人之间。"阳光就是先人的目光，随时在注视着我们。"

卡塞纳斯泥屋最与众不同和最引人注目的是在光溜溜的红泥墙壁上用不同颜色的泥土调制的色彩勾画出来的图案。这件工作是由已婚的妇女来完成的。西非的马里、加纳和布基纳法索等国的妇女以杰出的彩绘制陶工艺而远近闻名。不少欧美的绘画和雕塑艺术家与业余爱

各种各样的陶罐

好者经常专门来这里寻找艺术创作灵感，学习非洲传统的制陶工艺。在当地的市场上，各种各样的彩绘陶罐、面具等手工艺品也最引人注目，是外来游人最喜爱的纪念品。

对古鲁恩西族的妇女来说，建造泥屋和制作陶器一样，是在模拟神用泥土造人的过程。当陶罐从泥巴逐渐旋转成形时，它是一轮逐渐变圆的月亮，在烧制成器以后它们就变成了太阳。这些女人发挥出她们的艺术才能，又把彩绘陶器扩展到了自己的住宅泥屋上。

泥墙像一件艺术品

在一处卡塞纳斯泥屋的院落里，两个女人正在准备刷新她们的小屋。地上放着盛有各种不同颜色泥浆的坛坛罐罐，而她们的工具就是自己的双手。泥屋上几乎所有的图案都是她们用手掌抹出来的。她们把泥屋的里里外外包括所有的墙壁、土炕、土台和磨盘都抹得浑圆溜光，然后用黑白相间的方块、三角、菱形和折线、曲线绘上各种各样的图案，把整个泥屋变成了一件与众不同的大彩陶。有的时候，她们还会即兴画上一些动物、花草和人们日常生活劳动的场景。这些彩绘把平平常常的民居红土小泥屋装饰得像美轮美奂的工艺品一样，使卡塞纳斯泥屋成为了最简朴也最漂亮的传统民居。

村里的女人们

25 也门

萨那，在阿拉伯半岛的高楼群里徘徊

晨祷悠长的呼唤在城市的上空响了起来，在楼群中回荡。晨曦缓缓掠过无数的楼顶，落进黑黝黝的窄巷。萨那一点点地显现了出来。我不由屏住了呼吸，看着眼前这座由数不清的古老“摩天大楼”组成的三千年古城，这座人类文明史上的建筑奇迹。它就像一块奇特的姜饼，几乎每一面都装点着令人眼花缭乱的图案，最后再撒上一层白色的糖粉。建筑的每一面墙都似乎溶进了邻墙里。成千上万各种形状的窗口，带着白色、红色和黄色的三角纹花边，组成了一个完整的与众不同的巨大城堡。

在我眼前的楼上就有一扇精美的扇形窗。白灰在土黄色的墙壁上钩出了窗框的花纹。远一点的地方有一座秀美的清真寺塔楼，玫瑰色的晨曦衬托出它洁白的倩影。一群鸽子扑拉拉飞过楼群的上空。白色的炊烟从每座楼房里袅袅升起来，空气里飘着烧柴和煤炭的气味。在楼下尚笼罩在黑暗里的巷子里有了模模糊糊走动的人影。

也门号称是武士、诗歌和建筑的国度。其中，建筑留下的杰作最为触目动心。萨那无疑是世界上最壮美的城市。它位于阿拉伯半岛的西南尖端，坐落在海拔 2300 米的高原上。这里是连接红海与印度洋的交通要道，自古以来就是世界文明的要地。萨那至少有两千五百年的历史，从一世纪起，它就是欧亚大陆与海洋的文化、商贸交流的十字路口，是连接着中国与地中海地区的、古老的丝绸之路上的枢纽。

萨那古城（一）

许多世界史的学者认为古城萨那是阿拉伯文明的发源地和文化中心。

不容置疑，萨那有着世界上任何一座城市都没有的独特魅力，但我一时讲不出它表现在哪里。也许是因为“不识庐山真面目，只因身在此山中”的缘故，近距离的观察让人眼花缭乱。乍一看这些土砖楼都很相似，但仔细看，每一座在细节和装饰上都不一样。我在一座楼上数了二十个窗户，只有四个基本相同；其它的窗户在大小、形状上都不一样。而且它们安放的位置似乎也没有什么规律。看上去很难根据窗户的位置分辨出每层楼从什么地方开始，到什么地方结束，也不知道每家之间的分隔。无数的泥砖和手工凿出的石头被随意地垒在一起，就像一片由儿童搭起来的积木。萨那的天才建筑师建起了一座独一无二的有生命的“纪念碑”。

这座奇特的古城当时是怎样一点点地建造起来的？是有着严格的总体设计蓝图，还是由每座个体建筑的有机组合？或者干脆就是随心所欲的结果？

在二十世纪中期以前，萨那对于世界来说还是一个封闭的神秘国度。外人对其知之甚少。直到 1970 年，一位名叫皮耶尔 · 保罗 · 帕索里尼的意大利导演在游览了萨那以后，制作了一部十五分钟的短纪录片，才把萨那独一无二的魅力展现在世人的面前。帕索里尼把这部短片送到了联合国世界遗产委员会，以此来呼吁抢救和保护这座因历经几千年自然灾害、战争屠城和人为破坏而濒临毁灭的美丽古城。

根据研究阿拉伯半岛的古代建筑的著名学者罗纳德 · 罗可克的统计，萨那老城现有一百零六座清真寺、十二间公共浴室、十几处传统的广场、市场和花园，以及六千多座也门传统的土砖民用建筑。土砖楼现存最早的建于十一世纪。

1630 年，随着奥斯曼帝国统治者的撤离，萨那成了他们的继承者的都城。他们留下了大量苏拉里风格的建筑。萨那老城的心脏占地大约一千五百平方米，被用泥土和秸草混杂压实的城墙团团围起来。

萨那古城（二）

即使是在如今萨那城市大大扩展的情况下，老城仍完好地保持了古老的原貌。可以说，它是一座充满活力的中世纪风格的伊斯兰现代都市。在阿拉伯的传说中，萨那古城由拉麦之子挪亚所建。先知的兄弟曾经在此藏身。也门人早在十世纪就皈依了伊斯兰教。在其后的一百多年时间里，萨那是传播伊斯兰教的文化中心。

像世界上任何一座生生不息的城市一样，古城萨那也在不断发生着变化。如今，初来这里观光的游客如果细心，可以明显看到古老与新生的重叠，过去与现代生活的交织。我看到在一座有五百年历史的老楼里，黑黝黝的地下室仍是老式的榨油作坊。一头蒙着眼睛的骆驼在任劳任怨地一圈圈地转着磨。而在上面的一层，却是一间有互联网的小咖啡馆。在漂着咖啡香馥的店里，身着传统的白色长袍、佩戴着阿拉伯佩刀的男人的旁边坐着穿牛仔裤和T恤的青年学生。这两个似乎来自不同时空的人却做着同样的事情——上网冲浪和发送电子邮件。

在乱哄哄的小街上，一个铁匠坐在一个从汽车上拆下来的破座椅上正往铁匠炉里送一把烧红的铁铲。不远的地方，戴着阿拉伯面纱的女人一手拿着一大把洋葱，另一只手拎着一只放电视机的盒子。在他们头顶上五层楼高的地方，一个工匠正在用滑轮吊装一个装饰精美的窗户框。

萨那是建筑在玄武岩的石基上的，在上面用石灰和石头建起十来米的高墙基座。在基座的上面用暗红色的火砖继续向上砌成方柱形的楼堡，平均高五至八层。最后用一种叫“卡达达”的石膏和熟石灰混合的灰浆刷在楼顶防水。另一种叫“葛斯”的白灰浆用来刷在窗户的四周、室内墙壁和楼外立面的装饰花纹上。

在楼的内部，底层一般作为储藏室使用，有的楼的地下室还打有水井。楼里的台阶把各楼层连接起来，依次为客厅、厨房、卧室和起居室。不同的楼层都有伸出去的露台。在最顶层的是称为“玛夫拉吉”的家庭客厅，这是全楼最宽敞、明亮的地方，有宽大的窗户可以俯瞰四周的景色。因此，是一个家庭接待亲友、聚会和喝茶的地方。

萨那砖楼的窗户从外面看是整座楼的精华所在。虽然，它们近看只不过是白石灰勾嵌出来的、粗犷质朴的线条和简单的几何图形。但从远处看上去，这些被红白相间的花纹包围的窗户犹如精美的雕刻华丽非凡，令人眼花缭乱，极具阿拉伯艺术之美。

在窗户内侧结构上也有不少独到之处。其中最典型的，一是“土冰箱”，二是“女人窗”。虽然萨那地处两三千米的高原上，但气候干燥炎热。为了较长时间地保存食物，砖楼的一些窗户被造成碉堡枪眼那样的外小内大，在内面还特意修一个台龛的形状放置食物。这种窗口通风性能好又凉爽。在没有冰箱等现代冷藏设备的年代，这种“土冰箱”是很有效的冷藏装置。

萨那城里的小广场

土楼上各种各样的窗户（一）

按照伊斯兰的风俗，女人是不能在家人以外的人的面前随便亮相的。在外面，女人被长袍面纱从头到脚遮盖起来。而在家里，她们也不能暴露在窗口。因此，砖楼里女人卧室的窗户都修得十分隐蔽，从外面很难看到室内的情况，而屋里的人却能把外面看得清清楚楚。

因为高楼林立的缘故，在砖楼之间的街道显得很狭窄。实际上，城里主要的街道都能并排通过两队骆驼。在二十世纪六十年代以前，生活用水都取自水井或者公共蓄水塘。女人和孩子们每天的任务就是去公共水塘提水。那时在萨那老城的巷子里，驮水的小毛驴和赶驴的孩子是最常见的。

如今这种在也门其它地方仍很普遍的景象在萨那消失了。但像世界上许多古老的城市一样。萨那老城仍然是拥挤杂乱的。在那些迷宫样的小巷里游走，僻静的地方只偶尔能见到蒙着面纱的女人低着头匆匆走过。阴暗的巷子里显得十分神秘。不知道在哪个拐角就可以见到一处残破的古迹：曾经的小花园只剩下几根不整的石柱；废弃的蓄水塘干涸了，堆着不少垃圾。在热闹的街巷里却嘈杂纷乱，街两边的杂

土楼上各种各样的窗户（二）

货铺琳琅满目。菜场上人们吆喝着，一群群的男人围在巧茶摊子边挑拣评价。街两边时时可以见到几个男人半躺半坐。他们眼神迷茫，腮边因为咀嚼巧茶叶鼓起一个大包。与这种懒洋洋的景象相对照的是另一些在忙碌地运货和卸货的男人。他们不耐烦地按着喇叭，破旧的汽车在狭窄拥挤的巷子里寻找缝隙通过。

1984 年，联合国教科文组织将萨那古城列入了《世界遗产名录》，随后，萨那老城开展了大规模的检修。在保持古城本来风貌和传统生活方式的原则下，修复工程十分复杂。除了数不清的土砖楼外，那些狭窄曲折的甬道、几乎成了废墟的历史遗迹、散布在楼群里的小市场、清真寺、小花园和水塘，几乎到处都值得保存，到处都需要抢修。在萨那老城的围墙的外面还有许多同样有重要历史价值的区域，犹太老区、波斯古迹、奥斯曼花园和基督教社区，它们都凝聚着厚重和丰富多彩的历史和文化价值。它们与萨那老城一起组成了这颗阿拉伯半岛上的明珠。它有着三千年的璀璨，也应该成为人类留给子孙后代的瑰宝。

土楼上的通风窗

萨那城里的土楼和
蓄水池

第五篇 民居局部，精彩在细节

有了遮风挡雨的栖身之处以后，人们对住所有了更多的实用要求，这让民居发展出了不同功能的使用空间和附加结构。丰衣足食后的人们又有了对审美的精神要求，美化自己的住所成了每个居民的愿望。在传统民居的美化上，人们凭借的是本民族文化对美的朴素的理解，使用的是民间的手法。人类对美的追求体现在传统民居的每一个角落和每一个细节上。

26 秘鲁

利马，被收养的阳台

从走下飞机踏上利马的土地起，我的团友胡里奥就显得十分兴奋。这个出生在加拿大、有着印第安人与西班牙混合血统的小伙子是第一次来到秘鲁——他的祖父母曾经生活的故乡。显然，他为了这次旅行做了不少准备，特意学习了一些秘鲁的历史和文化，还从他的祖母那里听到了许多绘声绘色的对故乡景色的描述。在飞机上，他就迫不及待地把这些讲述给我了，弄得我也变得与他一样急切地等待着亲眼看看这些让人向往的地方。

阳台街景

利马是秘鲁的首都。这个国家三分之一的人口居住在利马地区。这是一个令人吃惊的比例。因此，利马号称是南美洲人口最密集的地区之一。从总人口上讲，她也是南美洲第五大的都市。

其实我对大都市并不感兴趣。我来利马的目的是寻找一小段已少有人提及的关于利马的历史，一个“唐吉坷德”的悲剧故事，以及这个故事的令人欣慰的结局。

提到秘鲁，人们首先会想到古老的印加帝国。神秘的马丘比丘废墟悲怆地向人们诉说着那个曾经辉煌过的伟大帝国的传说。然而，现今在秘鲁这个古印加帝国的国度，她的国都却是一座纯粹地由外来的征服者建立的城池。1535 年，战胜了印加帝国的西班牙征服者弗朗西斯科·皮泽洛在西班牙国王查尔斯一世的授意下，在秘鲁大西洋边建立了利马这座城池。她作为西班牙在美洲属地的秘鲁总督区的首府，成为西班牙在美洲的政治和文化重地。

与位于南部的安第斯山高原的印加古都库斯科相比，利马是一座拥有南美洲西班牙文化的古城。六百年的文化融合又让利马带上了西班牙本土任何一座城市都没有的南美西班牙风格。

胡里奥说着一口流利的西班牙语，临行前又恶补了一下秘鲁的历史，自然成了我们的义务导游。他的祖母出生在这里，在她的身上就已经混杂着土著印第安人和西班牙后裔的血统了。胡里奥很自豪地说：“利马是一座带着浓厚印第安风情的西班牙古城。不纯粹，就是她的魅力所在。”

我们来到了利马的老城区——被联合国教科文组织列入《世界遗产名录》的利马历史古城区。在美耶广场边，西班牙风格的大教堂的旁边，我一眼便看到了自己来寻找的目标——那座典雅精美的包厢式木雕大阳台。胡里奥也是两眼放光，嘴里不停地赞美着：“太漂亮了！它比祖母向我描述的还要美！”

是的，站在老城的中心广场上，无论多么漫不经心的人，第一眼注意到的也肯定是广场边的主教宫大理石外墙上悬挂着的那两排木笼子似的大阳台。用笼子来比喻它们的确对尊贵的主教宫有些不敬。但我承认，这个世界上恐怕找不到如此精美华贵的笼子了。

在主教宫正面的外墙两翼，这两排三四米高的古铜色全封闭的雕

利马主教宫精美壮观的箱式阳台

花木阳台庄重地凸出在整座建筑之外，几乎压倒了古典的巴洛克式的大理石宫殿本身的气势。它们的图案繁缛复杂、木雕精美细致，反映了经典的西班牙建筑风格。

胡里奥对我把它们形容成笼子很不满。他认为这些全封闭的阳台像一间间天主教堂里的私人忏悔室。这让我想到了在许多地方见到过的教堂忏悔密室。的确，这两排阳台无论从外形、结构、大小和图案都与那些小忏悔室很相像。它们赫然地悬挂在主教宫的高墙上面，让它增添了一种肃穆的宗教气场。

利马人说，每个伟大的城市都有自己的地标式代表建筑。巴黎有

埃菲尔铁塔，伦敦有大本钟，罗马有斗兽场，而利马的城市地标当数她的特色阳台。在利马老城漫步，她的“阳台们”的确让人目不暇接。这些结构、造型、风格和颜色各不相同的封闭式木头阳台反映着主人的身份、地位、财富和喜好。主教宫图案繁缛的大阳台代表着宗教的神圣；市政厅明黄色的外墙上庄重的棕色阳台表示权力的威严；官宦府邸华美的阳台和大理石的门廊显示着财富的荣耀；普通人家简陋的阳台透露出平凡的日子。

阳台，是每个城市的建筑上一个常见的普通附属结构，而利马的阳台之所以能成为这座城市的地标，就在于它们喧宾夺主地成了建筑上最引人注目的部分。在利马的阳台面前，建筑的门窗和屋顶都隐去了，而墙壁则成了阳台的背景。

利马市政厅建筑上的阳台

没有哪一个城市有如此集中的木头封闭阳台群。它们继承了西班牙各个历史时期的建筑风格，混合了北非摩尔人的建筑艺术特点。它们是如此精工细雕，堪称是精美的艺术品。走在利马老城的小街上，两侧的二层小楼上各式各样、五颜六色的阳台迎面而来，我们好像在参观一座阳台的博物馆。

在一座由无数复杂木雕的几何图形组成的精致的全封闭式阳台下，胡里奥念着它的简要介绍。他说这座阳台有个别名叫作“醋意阳台”。这是因为它有着典型的摩洛哥的阳台风格。根据穆斯林的风俗，为了避免妇女在外人面前露面，特地把木雕设计成极为复杂的几何图案，使得站在街上的人很难看到阳台内部的情况，而站在阳台里面的女人却可以把外面看得一清二楚。不过我不知道，这个“醋意”是属于站在阳台下，看不到美女的人的，还是属于只能隐身在木雕格子后面观望街井生活的女人的。

胡里奥忙不迭地拍照，准备拿回去唤起祖父母心底的记忆。我问他，老人家是否给他讲过一个拯救利马的老阳台的“唐吉坷德”的故事？他一脸茫然地摇了摇头。

也难怪，虽然他的祖父母那辈是“利马的唐吉坷德”的同代人。但当年在利马城市扩建的高潮中，又有几个人能注意到那个为了拯救阳台而四处奔走呼号的老人呢？

“利马的唐吉坷德”名叫布鲁诺·罗塞利。二十世纪五十年代，他从意大利的佛罗伦萨来到利马，在南美历史最悠久的圣马尔科斯大学教授世界艺术史。几乎是从第一眼看到利马的阳台的时候起，罗塞利教授就被它们迷住了。

当时正是秘鲁经济飞速发展，城市大规模扩建的时期，大批从乡下来寻找工作机会的人涌进利马，而本来居住在城里的富裕居民纷纷搬迁到郊外居住，留下了许多无人居住和维护的老房子。它们逐渐破

利马老城里各式阳台（一）

败，成了拆除的对象。不久，罗塞利兼职的《利马日报》打算对这些带阳台的老房子的数目做一个统计。这个任务理所当然地落到了既懂艺术，又对阳台感兴趣的罗塞利的头上。

从那天起，在利马的街头就出现了一位又高又瘦、灰白色的头发梳得整整齐齐、拄着一根文明棍的老人。他走街串巷，一丝不苟地记录着每一座将要被拆除的阳台。随着调查了解的深入，他对阳台变得更加痴迷了，这让他几乎忘记了自己调研员的身份。面对着这些即将遭到厄运的老阳台，老绅士痛心疾首，继而产生了一股唐吉坷德式的勇气。他要以自己的文弱之躯做这些阳台的拯救者，把它们都解救下来。

于是，这位身穿整齐的老式西装、文质彬彬的老绅士一次次地跑到沙石飞扬的拆除工地，与正在拆房的工人们争辩，阻止他们破坏墙上的木头阳台。但是他的行为是徒劳的，人们甚至觉得他有些疯疯癫癫。不是吗？这些老房子长期无人居住和维修，已经变得破败不堪了，不拆除留着又有何用？

一次又一次的劝阻争辩都徒劳无果，老绅士急红了眼。他改变了方式，决定自己掏腰包把要拆除的阳台买下并保护起来。老人一趟又一趟地爬到摇摇欲坠的危房上，与工人们不厌其烦地讨价还价，要求他们把阳台小心地拆下来卖给自己。

这个固执又有些穷酸的“唐吉坷德”不自量力地把收集来的四十多座木头阳台暂时存放在一座租来的破仓库里，准备一点点把它们修复。他声明如果政府能保护它们，自己就把它们全部交给政府。

四十多座阳台耗尽了老人的全部积蓄。他不知道还有更加不幸的命运等待着他。一天，存放阳台的仓库的主人以罗塞利没有按时交付租金为由，竟然一把火把老人呕心沥血买来的四十多座木头阳台全都烧成了灰烬！

1970 年，八十一岁的布鲁诺 · 罗塞利在贫病交加、心灰意冷的绝望中去天堂寻找他心爱的阳台去了，只留下了一个让人唏嘘的现代版的唐吉坷德大战风车的故事。

二十多年过去了，这个故事逐渐地被人淡忘了，却有另一位有识之士重新发现了利马阳台的价值。1996 年，利马新当选的市长埃德瓦尔多 · 欧洛哥发起了拯救利马的文化古迹，保护这座五百年古城的运动。阳台，成了欧洛哥市长重点保护的对象。具有政治家头脑和治理城市经验的欧洛哥市长与当年孤身作战的“唐吉坷德”先生完全不同，他懂得发动群众的重要性。这次利马市政府提出了一个别出心裁又目的明确的口号——“收养阳台”。

“收养阳台”，是利马市政府向全体热爱自己城市的市民发出的号召。它希望人们以三千至五万美元不等的认捐支付修复或维护一座阳台的费用，目的是让利马的特色阳台重新成为这座古城令人自豪的地标。

欧洛格政府的“收养阳台”计划取得了非常大的成功，它得到了利马市各界人士和私营企业的大力响应。银行、信贷机构、大学、医院和旅游部门以及私营人士纷纷来认领阳台，连利马最贫穷的街区的居民也集资收养了一个阳台。这个计划还得到了许多国际人士和外国驻秘鲁使馆的响应，德国、瑞士、印度等国也加入了认捐的行列。利马市的姊妹城伦敦市的市长特意前来参加收养利马阳台的仪式。不到两年的时间，就有近百座阳台得到了“收养”，摆脱了无人照管的“孤儿”命运。一位来自意大利的艺术家还特意把自己收养的阳台命名为“布鲁诺 · 罗塞利”，表达了对那位拯救阳台先驱者的敬意。

不知道胡里奥的祖母向他描述的利马是什么样子的。我看到过一张半个多世纪以前利马老城的阿尔玛斯广场和主教宫的老照片。看着它，我第一个想到的就是二十世纪初老北平的前门楼子前破败的情景。在那张老照片上，主教宫是一座像废墟一样的二层小楼。它的模糊不清的厢式阳台的下面是一片凌乱、像垃圾堆一样的空地。与我眼前宽敞气派的利马中心广场完全无法相比。

利马老城里各式阳台（二）

至今，利马老城历史中心的恢复计划不仅在物质上复原了具有历史意义的建筑，而且赋予了它们新的、更丰富多彩的精神和文化的内涵。人们经常能在这里看到极具南美和印第安文化特色的盛装游行和节日欢庆活动。我们也正好赶上了一场活动。在一阵南美欢快的口笛乐曲声中，广场上走来了一支载歌载舞的游行队伍。身穿大红大绿极为鲜艳的民族服装的男女旋转跳跃，变换着各种队形，引来游人们一阵阵的喝彩。

在人群的头顶上，焕发了青春的古老木头阳台也在默默地观赏着这个欢乐的场面。欢快的乐曲声中，我把目光投向更高的天空，炽烈的安第斯山阳光在那里照耀着。也许，那位“老阳台痴”，利马的“唐吉珂德”也正在那里欣慰地看着这一切吧。

利马老城里各式阳台（三）

27 瑞士

平民艺术墙画，恩加丁民居的守护神

我本来是到恩加丁河谷来观赏秋色的，却无心插柳，发现了一个意大利文艺复兴时期在阿尔卑斯山腹地留下的民间艺术瑰宝。

因为要中途转车，我在小城萨玛丹有大约四十分钟的逗留时间。于是，我决定到小城里去转转。谁知这一转不仅耽误了下一班车，还干脆把自己在恩加丁河谷的行程又增加了两天。我用这两天又专门走访了这一带几个较大的村庄。让我流连忘返的是恩加丁传统民居墙上独具特色的装饰。在房屋的外墙上、大门的四周、楣梁下和窗口，色彩亮丽、作画简洁、手法独特的图案似乎在讲述着一个神话故事，在回忆着一段遥远的历史，或者在纪念某一个名人。每一家都有自己与众不同的表达。在村子里徘徊时，我好像在参观一个艺术博物馆。

与阿尔卑斯山区其它地方的传统民居相比，恩加丁河谷的民居结构的地区特点十分鲜明。这里的传统民居都是厚墙小窗，在木构架上用灰石填充，表面再刷一层厚厚的灰浆皮。屋子的大门相对宽大，门的顶部呈拱形。为了兼顾采光和保暖，窗户都不大，很多窗户外宽内窄，有点像碉堡的枪眼。这一切让屋子显得厚重结实，也造成了外墙上出现了大片的空白，让外观沉闷，建筑缺乏亮点。

于是，一种被称为“斯格拉费托”的民间建筑装饰应运而生。斯格拉费托在意大利语里有“刻画”的意思，而在希腊语里则是“写”的意思。它很恰当地解释了这种艺术所用的技术手法，我暂且简称它

左、右 | 门、窗的装饰

为恩加丁墙画。

初次看到恩加丁民居的墙画时，我以为它们是用灰色或者黑色的炭笔在白墙上画的素描画。凑近细看，才发现它实际上是墙皮上的划痕。有一些划痕的边缘上清楚地留下了硬物在灰浆未干时划过带起的灰浆颗粒。而墙画上那些线条和图案其实都是把表层灰浆刮掉后露出的底层灰浆的颜色。这有点像摄影中的负片。

这种墙画艺术的思路新颖，手法看上去没有太多的高深之处，但实际操作起来是需要一定的技术和经验的，所以需要专门的工匠来完成。制作时，外墙按照一般的建筑外墙抹灰浆方法处理，用熟石灰和沙子混合抹墙作为底层，大约要抹五至七层厚。底层灰浆的颜色是图案的颜色，也决定了最终图案的反差度。图案的构思设计是画匠与主人共同商量好的。

灰匠在干透的墙皮上抹上最后一层石膏浆后，画匠便开始斯格拉费托的创作。第一步是按照设计在未干的墙皮上画出草稿，然后按照草稿把设计里有线条和图案的地方的表层石膏刮掉，最后是对图案的精雕细琢。最后一步的操作决定了墙画最终的质量，所以特别需要经验和技术。

表层灰浆的湿度是保证图案的细节能够呈现的关键。石膏过干了，就会在刮刻时带起较大的颗粒，使边缘模糊甚至出现残缺，因此需要一气呵成。天气也是相当重要的。操作时的日照强度、风力、温

经典的恩加丁风格的民居

从墙画的细处看斯格拉费托的创作手法（一）

度、湿度，甚至阳光照射的角度都会对最后的结果产生影响。所以每年的五至八月是最好的创作季节，且阴雨天最为理想。墙画一旦绘制完成，便没有任何可能再修改，作品就永久留在了墙上，可以保留一两百年之久。

恩加丁的传统墙画不是千篇一律的，每家都有自己的特点和风格，力争与众不同。每个村庄也有自己的风格。另外，因为各地的沙子的质地和颜色不同，墙画的颜色也有所不同，呈现灰色、黑色、土黄色和棕色。

没想到在恩加丁河谷的村庄里能够欣赏到那么多五花八门的墙画。它们都集中在每个村镇的老村里。最简单的是各种花纹和几何图形，十字、花卉、山羊、鱼、神话里的怪兽和人物以及一些神秘的宗教符号。花边带着韵律爬上了墙头；花卉勾勒出屋檐；几何图案把一扇凹陷在墙上的小窗变成了一个仿真画；两只鹿似乎在主人门前进行着永久的争斗；还有十来米长的希腊神话里的场景。

在一些墙的拐角处常常有石块的图案，表示这是一间石头建的房屋，那是主人家富裕的象征。还有一种长长的波浪形的图案名为奔跑的狗，据说是一种很古老的图案，代表了人生的进程：从过去到未来，有高峰也有低谷。不论是哪种图案，都表达了主人的愿望，那就是生命、幸福、富裕、繁衍和安宁。有时候，画匠还会以独特的方式用图案代替自己的签名。

恩加丁河谷是瑞士东部阿尔卑斯山区一条非常著名的大山谷，发

门、窗的装饰细节

从墙画的细处看斯格拉费托的创作手法（二）

源于阿尔卑斯山的因河穿过恩加丁河谷进入奥地利，汇入多瑙河，是发源于瑞士阿尔卑斯山的唯一一条流入黑海的河流。自古以来，因河河谷是欧洲南北穿越阿尔卑斯山脉的交通要道，传统上受到意大利文艺复兴时期的很大影响。实际上，斯格拉费托墙画艺术也是从意大利传过来的。它的手法来自古老的民间艺术，曾经是文艺复兴运动的艺术形式之一。

十六至十八世纪，这种民间艺术在意大利很流行。它也经历了各种流派的兴衰，从最开始简单的十字架逐渐丰富内容。十七世纪时，虽然欧洲经历了大瘟疫，但因为穿越阿尔卑斯山的道路的出现，促进了当地的经济发展，生活也随之改善。这种装饰艺术也有了很大的发扬，变得更加精美。然而，十八世纪以后它逐渐失去了影响力。

我在一个村子里转悠的时候，看到一个脚手架还没拆除，看上去刚制作完成的一幅墙画前有一堆人，一个师傅样的男人正对着墙画跟这些人讲解着什么。我赶紧凑上去听听。遗憾的是，师傅讲的是一种很陌生的语言。显然这是除了德、法、意这三种瑞士官方语言之外的第四种官方语言——罗曼语。瑞士讲罗曼语的人口很少，主要集中在恩加丁河谷的周围地区。罗曼语是世界上现存语言里最接近拉丁语的语言。它跟斯格拉费托墙画一样是古罗马文化在欧洲的遗产。

原来男人是一位斯格拉费托艺术的爱好者和画匠。他从小就跟着父亲在恩加丁河谷的村庄里为村民们作墙画。为了保护这种濒临消失的古老民间艺术，他办了一所教授斯格拉费托墙画的学校，把自己多年的经验传授给新一代的年轻人。

村子里的教堂钟楼
也用墙画装饰起来

他正站在一幅巨大的山羊墙画边让人拍照。那是他小时候与父亲一起刻制的。阳光照在墙画上，形成了奇妙的投影。他骄傲地说："你们看，随着光影的移动，墙画会变幻出不同的花纹。你可以在同一个地方在不同的时间欣赏到不同的画面。"

斯格拉费托是起源于意大利的平民艺术。它造价低，手法拙朴，不需要什么高深的艺术修养。它既为普通民众单调的生活提供了乐趣，又可以放飞人们头脑的想象力，让想象力落实在自家的房子上，成为一种平民艺术。

斯格拉费托是有生命的，它不仅会随着阳光变幻出不同的形态，还是恩加丁传统民居的灵魂，它们日夜守护着人们的家。画上的神灵也一代代保佑着人们的村庄和他们安逸、富足和和平的日子。

一幅美丽的墙画

28 加拿大

室外楼梯，蒙特利尔独特的城市风情

俗话说“人靠衣裳马靠鞍”，对于一个城市来说，城市建筑就是它的衣裳和鞍。在人群中有打扮得雍容的贵妇，也有穿着平庸的民女。前者是人群的点缀，而后者则是人群的基础。城市建筑也是如此，华丽庄严的大理石宫殿是城市历史辉煌的纪念碑，而质朴无华的民居民宅则构成了城市的基石。

加拿大的蒙特利尔市被誉为北美最具风情的城市，又称“北美的小巴黎”。然而，在城市建筑上，蒙特利尔少有巴黎那样辉煌壮观、充满着法兰西贵族气派的宏伟建筑。真正能体现其独特风情的倒是在其纵横交错的老式住宅区里那一排排有着露天楼梯的民宅。在蒙特利尔多年的工作和生活里，我最爱徘徊的也正是这片有一百多年历史的住宅区街区。

在它那安静的小街上漫步时，你立刻会被这里别具一格的建筑形式所吸引。这是些两三层的普通民宅。无论是涂饰得五颜六色的平顶砖房，还是带阁楼和高雅饰顶的石头房屋，虽然建筑设计各有千秋，却无一例外全部在建筑的正面从二层向着街道伸延出了一道生铁铸架、木板铺阶的露天楼梯。站在街道的一端望去，这些露天楼梯沿马路两侧一字排开，或笔直而下庄重稳妥，或蜿蜒曲折婀娜多姿。惊奇之余，人们不由提出这样一个问题：在蒙特利尔这样一座北方城市，一年里有五六个月是冬天。天寒地冻的，人们为什么不把楼梯放在室内，却把它们扔到了外面，让人们每天一出门还没下楼梯就是风雪扑面呢？

从直观上看，当然这种建筑形式最直接的结果就是增加了室内的可利用空间，有明显的经济利益。可是人们又问：为什么其它的城市很少采用这种节省非住宅空间的建筑方法呢？这就需要让历史来回答了。

历史上圣劳伦斯河是欧洲人开发北美新大陆的切入口。位于圣劳伦斯河畔的蒙特利尔市那时是北美大陆与欧洲之间兽皮贸易的主要中转站。一百多年前，为了开发圣劳伦斯河的水上通道、扩大从大西洋而来的欧洲商船与北美大陆腹地的商贸交流，人们决定在流经蒙特利尔的圣劳伦斯河的上游修建一条重要的运河。这一大运河工程的动工一方面吸引了大批的劳工从农村甚至从欧洲移民而来到蒙特利尔，另

街区小公园里的艺术品也是楼梯

蒙特利尔市各种形态的室外楼梯（一）

一方面也同时加快了蒙特利尔市的城市发展。大批新移民劳工和随之而来的大量的新移民家庭使城市人口激增，促进了城市住宅建设的繁荣。

在美洲新大陆开发早期，人少地多。人们的住宅多为独门独户的大房子。十九世纪初，因为人口增加，蒙特利尔开始建造英国式的排房式住宅。各家的住宅挨在一起，但每家每户分别拥有独立出口的、只属于自己的二层或三层楼层。此时，室外楼梯也开始出现了。十九世纪中期以后，蒙特利尔的城市人口激增，人口结构也发生了很大的变化，主要由劳工阶层的家庭构成。这样的家庭往往人口众多，那时候一家有五六个孩子很常见。于是，蒙特利尔的人口在不长的时间里从五万增加到了三十万。

劳工阶层的家庭特点是人口多，需要较大的住宅面积。但由于他们无力购买独门独户的住宅，一家两层的排屋对他们来说也太贵了。

于是，排屋被进一步分割，每一单元里每层都住进不同的家庭，成了公寓式的住宅。虽然，这显得拥挤了些，但不论住在哪一层，每个家庭的住宅都是自成一体，有着各自独立的出入口。因为邻里之间没有共同的住宅使用部分，所以不会相互干扰。后来，这种被称为“二层连房”或者“三层连房”的住宅被一些比较富裕的人买下来出租。他们一家住在楼下，把上面一两层租给房客，而房客均通过自己的楼梯独立出入。房东房客互不相扰。房客有了问题时，房东又可以及时出面解决。

另外，大量从农村来的人口带来了他们在农村的生活方式：在农村的广阔田野上，农户的住宅都是独门独院的，房屋外正面都带有宽大的半露天屋廊，作为家庭日常活动、休息和接待邻居客人的场所。当这些家庭从农村来到城市生活后，他们保留了自己以前的生活方式，希望住宅能与室外直接相通并带有屋廊。然而，由于城市空间的限制，宽敞的屋廊只能屈居成了咫尺见方的小阳台。

蒙特利尔市各种形态的室外楼梯（二）

可是这种像雨后春笋般冒出来的住宅很快占据了城市的大量空间，眼看要把蒙特利尔变成一座砖头石块堆成的工棚了。于是，市政府及时出台了一项法规，规定新建的住宅的前后必须要留下一定的绿化空间。

在寸土寸金的城市里，要挤出些绿地就得减少住宅的建筑面积，这会让本来就不够的居住空间变得更加紧张。这时，不知道是谁想出了个主意：把楼梯造到建筑外面去。这样既可以节省出室内的可利用空间，又可以在室外楼梯下面和四周栽花种草，让屋前绿地与室外楼梯来个空间共享，岂不是一举两得？于是，这种适合从农村来的蓝领工人阶层的带室外楼梯的简朴民宅便在蒙特利尔市应运而生了。

从当时注重建筑美学、强调建筑华丽外表的上层社会的审美角度来看，这种民用建筑是平庸无奇、毫无美学价值的。在上层社会的建筑师来看，这种将铁架子楼梯架在室外、怪里怪气的住宅给人一种临时的、尚未完工的印象，是底层人民生活的象征。

其实，这种被上层社会蔑视为“临时脚手架”的室外楼梯在设计修建上有许多讲究。由楼层高度、建筑与街道之间的距离以及楼梯的坡度构成的三角形的三个边的比例决定了室外楼梯的形式和结构。如果楼层不太高而且建筑与街道路牙之间又有足够的空间距离，楼梯便可以从二楼笔直地斜铺到地面。这是一般楼梯的基本结构。但是，如果建筑与街道路牙之间的距离太近，室外楼梯无法以较小的坡度笔直伸展开，便产生了各种形态的旋转楼梯。

如果有时间走遍蒙特利尔的旧式住宅区，人们可以见到数不胜数的室外楼梯的形式。从 A 到 Z 各种字母形状的楼梯五花八门应有尽有。它们有的简陋，有的奢华，有的低调无奇，有的引人注目，有的直白平淡，有的装饰繁缛。生铁铸造的楼梯两弦往往铸出简洁美丽的花纹图案，木板阶梯上多铺着草根编就的防滑地毯，或者干脆漆成不

蒙特利尔市各种形态的室外楼梯（三）

同的颜色。似乎邻里之间已有约定，每家楼梯的颜色都与众不同，但又与四周的建筑色彩相呼应。在地面上，楼梯的一侧是底层住户的街门，而在二楼楼梯的顶端向左或向右拐出一小方阳台，由楼梯的弦架延长成阳台的护栏。二层住户的街门就开在阳台上。这些千姿百态形态各异的室外旋转楼梯就像街道边两排身披五颜六色的衣衫，从姹紫嫣红的花丛中轻扭腰肢、婀娜而起的舞女，为街区增添了不尽的风情和魅力。

时代变迁，人的价值观和审美观也发生了改变。住在这些带室外楼梯的民宅中的居民早已不是清一色的工人阶层。特别是在二十世纪五六十年代，一批年轻的法裔中产阶层在弘扬法兰西文化、保护城市独特风情的口号下，大量买下带室外楼梯的老式民宅，并大兴土木，对其加以改造，使其既保持了原有的特点，又改变了原来平庸简陋的外貌，令蒙特利尔市的老式住宅区真正呈现出独具特色、风情万种的新风貌。那一道道各式室外楼梯林立、栽满花草的小街现在已成为蒙特利尔市引以为骄傲的城市建筑象征。

春天，温暖的阳光融化了台阶上的积雪，年轻人摘下了在楼梯上挂了一冬的自行车，准备开始新一年的室外运动。另一些人更是迫不及待地在自家的小阳台上做起了日光浴。房东们也纷纷重新给楼梯粉刷油漆，让它们的面貌焕然一新。夏天，楼梯四周各家各户围起的小花园里鲜花盛开，退休的老人们在自家的花园里边培土锄草边与邻居聊天。傍晚，年轻人坐在楼梯上乘凉，弹着吉他自娱自乐。秋天，纷

蒙特利尔市各种形态的室外楼梯（四）

纷飘落的枫叶给楼梯铺上了一层斑斓的地毯，放学回来的孩子们就坐在上面讲故事。每年的 7 月 1 日是蒙特利尔市特有的全城搬家日。一家又一家租约到期或者新签约的住户们搬着他们的家什在室外楼梯上上下下，热闹非凡。当然，冬天是有室外楼梯的住户最头痛的季节。隔几天就一场的大雪让他们不得不一次又一次地拿起铁锹和扫把清雪。否则，早上一出门脚下就是一架雪滑梯。而一年四季最辛苦的要数邮递员了。日复一日，他们背着大邮包在一架挨一架的室外楼梯上爬上爬下，把邮件送到每家的门口。

除了楼梯的形态和颜色外，人们甚至可以从这些不同的室外楼梯上看出房子主人的身份、教养、性格甚至宗教信仰、政治倾向和是哪支冰球队的粉丝。那些受教育程度比较高的居民的审美观比较含蓄。他们的室外楼梯的颜色一般为石头的灰白本色，但灰淡却不失雅致；那些家境比较富裕，但审美观没有脱俗的居民，喜爱用对比强烈的大红大绿把自己的房子和楼梯装饰得五彩缤纷；而那些在经济上比较拮

蒙特利尔市各种形态的室外楼梯（五）

蒙特利尔市各种形态的室外楼梯（六）

据，或者正在为生活而奔波的人家，显然顾不上家门外的楼梯，所以他们的楼梯都是没有任何讲究和颜色，像一排排铁架子一样杵在街道边。

遇到大选的时候，楼梯上的小阳台上常常会挂上房主拥戴的政党候选人的大幅头像；在世界杯或者冰球联赛季，楼梯上张扬着房主支持的球队的队旗；圣诞节期间，楼梯上下左右张灯结彩；万圣节之夜，楼梯上点亮奇形怪状的南瓜灯……

一百二十多年过去了。因为社会经济问题而产生的麻烦最后变成了独具特色的城市装饰和地标。带室外楼梯的民宅，这只昔日的丑小鸭如今已蜕变成了高雅美丽、风情万种的天鹅，为蒙特利尔市在城市文化领域赢得了独树一帜的荣誉。

29 法国

去里昂，钻“胡同”

从里昂的火车站转乘地铁来到老城，没出地铁门就转身搭乘了去福维埃山的登山缆车。几分钟以后，里昂城已经在我的脚下了。我站在山顶的瞭望台上，与精美华丽的福维埃圣母大教堂尖顶上的金色圣母一起，俯瞰着这座古老的城市。有着古罗马风格的贵族式宫殿和广场被包围在密密麻麻的红顶旧式建筑群中间。各家各户楼顶上极具里昂特色的窄细的方烟囱高高低低，如同林立的天线，勾画出这座城市的天际线。许多人说，站在福维埃山上俯瞰里昂，会觉得眼前的景色与站在蒙马特俯瞰巴黎十分相似，一样的古老，一样的宏伟，一样的繁华稠密。

遗憾的是，站在这里很难看到位于山根处的里昂老城区。那里是这座历史古城的发源地，也是我对这座城市最感兴趣的游览项目——里昂著名的塔布勒集中的地方。

“塔布勒”在拉丁语中是过道的意思，多指那些露天或者从楼房的底层穿堂而过的通道。在里昂，塔布勒的历史久远。早在古罗马时期，里昂老城就有这种建筑形式。当时古城里昂的居民建筑都是平行于河的走势一层层依山势而建的，之间很少有垂直于河畔的街道。为了方便居住在山坡上的人们抄近路下到萨翁河边取水，于是，在房屋群里修建了一些可以直接穿过的走廊。它们有些是在两座楼间的一条夹缝，有些是一座带有窄小天井的私人庭院，还有一些则看上去是一

圣母大教堂和它脚下的里昂城

座老楼的楼梯。大部分塔布勒是半封闭式的，带有拱顶，除了前后有出口外完全是建筑的一部分，因此，显得十分隐秘。外来的人很难在密密麻麻的楼群中找到它们。而对于里昂的老居民来说，不识得塔布勒的人绝对不能算是真正的里昂人。

我把塔布勒称作“里昂的老胡同”。与北京的胡同相比，它们同样是穿行在老城民居之间的小街。不同的是，北京的胡同串接起来的是一座座四合院，而在里昂，这些“老胡同”则穿行在老楼群里。而且它们更窄，在走向上更无规则，有一些还是像隧道那样的不见天日的穿堂门洞。因此，里昂的“老胡同”显得更隐蔽，更像迷宫。

沿着福维埃山前的“之”字形下山小路和石阶，我费了半个多小时才下到山脚的老城区。顿时发现自己陷入了一片由古老的教堂和狭窄的街道组成的迷宫里。幸亏事先手里有一张里昂老城塔布勒的导游图，对照着它，我开始了自己的里昂“胡同”游。

像欧洲所有的老城一样，里昂老城里的小街十分狭窄，夹在两侧的老楼群里显得更加拥挤。那些著名的塔布勒就隐藏在楼群里，不定哪个小门的后面就会有一条通到另一个街区的“小胡同”。塔布勒的出入口多有门，但门大多不显眼。有的古色古香，但许多看上去像平常的人家，一点也看不出它背后隐藏的秘密。在一块写着圣让街 27 号的门牌前，我犹豫着是不是该伸手去按门铃。导游图上说这里是一条挺有名的塔布勒，可供游人参观。

塔布勒被列为里昂的文化遗产以后，便成了里昂旅游界推出的一张王牌。为了兼顾塔布勒的历史民俗价值和其仍具有的现代使用价值，里昂市有关部门与目前塔布勒的地产所有者协商并在 1990 年签订了协议，以保护相关建筑，限制使用，保持清洁与安全为宗旨，对大部分塔布勒进行了保护性维修。协议既保障了该地区房主和居民的

老“胡同”里的天井（一）

正当权益，又让里昂市其他市民和外来的游客有机会来此观赏及体验老里昂的民间风情。

尽管里昂市政府与有关市民已有了约定，但万一冒冒失失地敲错了门，打扰了居民还不挨骂？我正踌躇着，突然小门打开了。从里面说说笑笑走出来一拨游客。原来他们是从另一个出口走过来的观光客。于是，我放心地逆着他们走了进去。这是一条黑乎乎的穿堂过道，只能一个人走过，墙上昏暗的路灯让我想起了在电影里看到的地道，沿着它走了一段后眼前一亮，来到了一个小天井。天井四周被四五层高的老楼紧紧围住，狭小得令人窒息。在天井的一侧有一座非常破旧的带廊旋转石楼梯，大理石的柱廊已经被岁月磨蚀得没了形。墙上的小小指示牌告诉我，这是一座古罗马时代留下的老建筑。小心

里昂的老街，塔布勒就藏身在老街两侧（一）

翼翼地登上旋转石梯走出三层上的一个小门，我已经来到了更高的一层楼群中了。不知道在里昂老城拥挤的建筑群里四处隐藏着多少这样的古迹，怪不得里昂老城被联合国列入了《世界遗产名录》。

走出这条塔布勒我已经来到了另一条小街上。这里有许多露天咖啡座和小饭馆，游人熙熙攘攘，其中有不少像我这样东瞧西看“探宝”的人。在附近的另一条塔布勒里，我看到了著名的“粉塔”。这是一座大约有五六层楼高的古罗马碉堡式的建筑，以通体粉红色而出名，是老城的一个地标式建筑。在这片老城里，东一处西一处的塔布勒能向人展示许多惊喜。不定在哪个拐角就会碰到一处古罗马大理石雕刻的华丽楼梯，或者一座文艺复兴时期留下来的喷泉池。一个人在这老城迷宫里转来转去，常常晕头转向地又回到了原处，不过倒也满足了猎奇探险的好奇心理。

圣让街 54 号是里昂最著名的塔布勒。它穿过四组楼群和四个小天井，是里昂最长的老“胡同”。据说在每天上下班的高峰时段，这条老城的“交通要道”也常常会发生堵塞，当然堵的不是车辆而是行人。

位于老城区中部的小广场“交易广场”曾经是里昂货币交易所的所在地。当年，凡是离开法兰西帝国的旅行者都要到这里来兑换钱币，因此，是个十分重要的地方。现在这里是个热热闹闹的旅游点，经常有街头艺术家在这里即兴表演。我东张西望时差点儿撞到一座活人塑像身上。他一动不动地盯着我，不知道是不高兴还是不在乎。

“交易广场”附近街道两侧的建筑都十分有特色。它们正面的山墙顶上有各种形态花纹不同的装饰，既繁缛又华丽，有典型的法兰西风格。而在另一个名叫“海豚广场”的地方，四周的建筑多为意大利文艺复兴时期的风格。中世纪时，这里曾经是一年一度的商品交易会举办的地方，对当时法国的经济有着重要的作用。后来，法国国王弗朗索瓦一世娶意大利贵族之女美蒂西斯的凯瑟琳娜为王后。她从意大利带来了大批的精工巧将，从此开创了法兰西文艺复兴的建筑风格。里昂老城的海豚广场留下了不少当时的古迹建筑。

里昂老城的塔布勒代表的是这座城市文艺复兴前后的贵族建筑风格。而在萨翁河对岸的克瓦胡斯山坡上还有着更大的塔布勒群。它们代表的是十八至十九世纪里昂典型的平民建筑。

在法国近代发展史上，里昂曾扮演了举足轻重的角色。如果说巴黎是法兰西文化的窗口的话，里昂就是法国现代工业发展的门户。早在十六世纪中叶，从南方意大利进口的昂贵丝绸已经不能满足法国国内的需求，法国国王弗朗索瓦一世决定在里昂发展本国的丝绸纺织业。经过一百多年的发展，里昂逐渐代替了意大利，成为欧洲的丝绸之都。十九世纪初，里昂曾云集了一万多个家庭式丝织业作坊和几万名被称为“卡努特”的纺织工匠。他们开始是集中在里昂老城区。随着里昂丝织业的不断兴旺，在老城区再也找不到足够的空间来扩展新的作坊了，卡努特们便在老城区北边的克瓦胡斯山脚下开辟了新区。

老“胡同”里的天井（二）

老“胡同”里的古罗马喷泉（一）

新建的楼房就着山坡一层层向山上扩展，这一地区逐渐发展成为里昂最早的纺织城，而克瓦胡斯山也随之被里昂人称为“劳工坡”。

劳工坡上，在密密麻麻的楼房之间是又窄又暗的石板路小巷——塔布勒，东一段西一节的石阶梯将它们连接起来，绕来绕去地向山上更高的楼区走去。在克瓦胡斯地区，比较近代的塔布勒专门是为了方便卡努特们的劳动和生活需要而建的。它们一方面让人们能够从一个楼区到另一个楼区，并可以抄近路穿过楼群下山，另一方面，这些大部分都带有房顶的小巷保证了卡努特们在雨天搬运原料和布匹的方便。

据说在十九世纪三四十年代这里有两万三千多户纺织作坊，四万六千多名工人。从一座座楼房高大的窗户里传出的织布机的咔嗒咔嗒的声音夜以继日响个不停。塔布勒中装卸原料和成品的工人穿梭不断。如今人们只能在寂静之中想象这一切。在空无一人的楼区小天井里想象当年的邻里街坊在这里聊天聚会，妇女们传播着各家各户的

里昂的老街，塔布勒就藏身在老街两侧（二）

老“胡同”里的古罗马喷泉（二）

家长里短；在迷宫般的小巷里，想象当年卡努特的孩子们在帮助父母劳作了一天后，在此捉迷藏的欢笑声。

在劳工坡最著名的塔布勒是“格尔伯广场九号”。它有一个三面被楼房围住的不大的天井，而正对着的一面是一座有六层高、呈“之”字形上升的半露天水泥楼梯。它除了形状有些独特外并不太美。但置身于这简陋寂静的小天井里，它显赫得如同一座威严的纪念碑。这就是有名的“沃拉斯天井”，十九世纪卡努特起义的诞生地。

说来也挺具法国特色，据说当年卡努特起义的最初起因是由于工人们不满老板削减给他们的葡萄酒配给量。他们的抗议集会逐渐发展成了与政府和国王的对抗。由于沃拉斯天井的位置和它具有三个出口的特殊布局，可以让对抗国王的禁止聚众集会命令的卡努特们能方便地逃脱警察的追捕。因此，这里成了当年起义工人的最重要的聚会地点，也是现在劳工坡上最有名的景点。

1999 年，联合国教科文组织将包括福维埃山老城、罗讷河与萨翁河交汇处的河心岛以及克瓦胡斯山坡楼群列入《世界遗产名录》。这一遗产不仅具有重要的历史价值，而且是对里昂人为法国以至欧洲的近代历史所作出的重大贡献的证明。在法国旅游，人们领教了巴黎式的高贵典雅的皇家气派，见惯了宫殿城堡的辉煌。而在里昂，人们看到了一个似乎被人们遗忘的角落。塔布勒，让游人以另一个全然不同的角度去了解法兰西的历史。

30 波兰

女人的创作，花儿开在墙上

一匹白马站在马栏前，安安静静地等着主人套车。院子里乱七八糟地堆着准备带走的农具和筐子，空气中有一股草料和牲口粪混合的气味。这是一个在世界上不论哪里的农村都能见到的牲口棚，普通得没人想多看上一眼。

不过我的目光却久久地停留在了马车背后的那面墙上。因为那破旧的牲口圈的墙上竟开满了如童话故事的插图那样美丽的花朵。

这并不是最奇妙的。在不远的地方有一个三层的鸡窝。几个鸡笼简陋粗糙，土坯墙，每个门口都是用不知哪里捡来的破铁栏杆歪歪斜斜地挡着。可是除了鸡窝的小门外，所有的土坯墙上也都画着那些童

在门和窗边都用花卉图案来装饰

话般的花朵。更远的地方有一条不太干净的黄狗懒洋洋地趴在自己的狗窝前睡觉。它的那个小小的狗窝上也同样认认真真地排列着小红花。

这就是在波兰大名鼎鼎，却在国外游人中还鲜为人知的花画村——扎利陂。

扎利陂村位于波兰东南部的平原上，离塔尔努夫不到四十公里。它是一个非常普通的波兰小村庄，安安静静，鸡犬相闻。虽然来这里的波兰本国游客不少，但当在村子里出现了外国游客时，村民们还是会露出好奇的目光。不过，游人们眼中的惊喜和好奇比村民们的更强烈。吸引他们的自然是扎利陂村里无处不在的花墙了。

在这个不大的村子里，至少有二十几处村舍的外墙上画满了五颜六色的花卉图案。花儿们或者单独一朵或者是一串花枝，或者用藤蔓构成图案，点缀在房子的白墙上，围绕在门窗的四周。它们极具波兰民间风格，颜色鲜艳醒目但协调秀美。图案造型婀娜，典型地出自女性之手，来自女性的审美观。

虽然村子里的人说不清哪位祖先是这花墙的“开创者”，但可以

狗窝也画上了花

墙上空白的地方都画满了花

肯定的是，它在一百多年前的村子里就已经有了。那时的村舍都是最简陋的土坯屋。家里的厨房里也是用土坯垒的烧柴灶。屋顶上没有烟囱，只开一个小洞。每天烧火做饭的烟熏得厨房的墙壁黑乎乎的。再加上东一块西一块的水迹油渍，看上去又脏又暗。家庭主妇们只好隔一段时间就想办法把黑乎乎的墙壁粉刷一次，至少用白灰盖住那些污迹。到了一年一度的节日时，妇女们为了给家里增添一些节日的喜庆气氛，会再用一些带颜色的涂料在墙上的灰块上画一些漂亮的花。也许这就是扎利陂花画的起源。

不过这些涂料都相当的原始，就是些就地取材的东西，面粉、鸡蛋黄、牛奶、蔬菜汁、花瓣汁，而画笔就是自家的鸡毛、马鬃和羊尾。后来，厨房修了烟道，变得干净敞亮多了。女人们就把花画在了刷了白墙的厨房里和烟道上，这些花朵增加了厨房的亮丽。女人们又一鼓作气开始在家里的其它地方美化环境。卧室、客厅的墙上都出现了各种花卉的图案。她们的创作灵感层出不穷，把花朵又从墙上“移栽”到了手边所有能拿到的物件和器皿上面。被褥、窗帘、桌椅、床以至家里的瓶瓶罐罐上全都画上了漂亮的花。

家里面可以承载的地方不够用了，花朵开始向室外发展。自家屋子的外墙面积大又醒目，是挥笔创作的最佳地点。更复杂更漂亮的花卉图案在村子里亮相以后，激发了更多的女人的创作热情。小花屋一个接一个地出现在扎利陂村里，甚至几个邻村的妇女也来取经了。

艺术创作的灵感真是一个奇怪的东西。有时候你等它等得望眼欲穿也不见，而另一些时候它来了又源源不断，止都止不住。扎利陂村的女人们也不例外。在花卉图案创作的高潮时，她们从家里画到家外，画遍了屋里的东西还是觉得不过瘾，就又把目光盯在了不起眼的小桥、井台、马棚、鸡窝甚至狗窝上。凡是能找到一小块平展的地方

在门和窗边都用花卉来装饰

墙面都用花卉来装饰

都成了她们创作的天地。最后，连墓地也没放过，本来肃穆的墓碑也被洋溢着欢乐的花朵所覆盖了。

渐渐地花卉图案的创作成了扎利陂村妇女们的一个文化传统。女孩子从小就跟着母亲学画花，每个家庭都有自己独有的基本图案，新的一代在基本图案上加上自己的创新。村子里画得最有名的女人叫费丽佳 · 库里托娃。她的家里简直就是花卉的海洋。当然，这些花不是开在花瓶和花盆里，而是画在所有眼睛能看到的地方。花儿把库里托娃家的三间屋子装饰成了一个华丽漂亮的童话世界。这个

水井也画上了花

被花墙装饰的民居

单身老太太去世以后，扎利陂村决定把库里托娃的家原样保留下来，作为村子的一个花画展览馆，以便让游人能全面地观赏本村妇女们独一无二的艺术杰作。

第二次世界大战中，扎利陂村与波兰其它地方一样遭到了严重的破坏，人口减少了百分之十七，花画也没了生机。战争结束后，波兰政府为了恢复扎利陂村独有的文化传统，决定举办一个花墙绘画节——玛罗瓦那察塔。

每年五月份的耶稣圣体节前后是春耕已结束，夏收尚未开始的农闲季节。在传统上扎利陂村的各家各户也都要在这个时候重新粉刷墙壁、油漆门窗。所以，在耶稣圣体节后的那个周末，村里会举行墙绘比赛。女人们要重新在村里建筑的外墙上画上新的花卉图案。全村人还要从这些新画里评选出最漂亮的一个作为本年度的玛罗瓦那察塔最佳作品。

现在扎利陂人作画用的不再是鸡毛、马鬃了，颜料也用上了色彩艳丽经久耐用的聚丙烯颜料。经过百年的文化积累和沉淀，扎利陂花卉画已经形成了自己独有的艺术风格。现在，虽然村里也出现了少数几个男性的画家，但花卉画仍然是女性主导的艺术世界。女人的温柔和娟秀给予了花卉画特有的魅力和令人惊叹的美。这些朴实又可爱的花朵为波兰的民间艺术增添了美丽的生命力。

都用花卉来装饰的门

31 葡萄牙 阿维罗，葡萄牙瓷器之都

船工一下一下地摇着橹，他的摩里塞罗在淡绿色的水里静悄悄地向前划行。河面上来来往往的其它摩里塞罗上的游客们也在东张西望地观赏着葡萄牙古城阿维罗运河两岸的风光。看到我们，大家都纷纷友好地挥手致意。人们说阿维罗是葡萄牙的“威尼斯”，当然是因为这几条穿城而过的通海运河和在河面上穿梭的小船摩里塞罗。

其实，阿维罗与意大利的威尼斯并不十分相像。它是一座大陆上的海港城市，不像威尼斯那样四面环海。不过虽然它是海港城市，却又不像一般的海港城市那样直接与大海相邻。在它的前面有一大片辽阔的泻湖区，河汊纵横交错，岛屿浅滩密布，把阿维罗城与大海隔离了。

十五十六世纪时，出海口畅通。从阿维罗出发的船队远道大西洋对面的纽芬兰海域去捕捞鳕鱼，为这个城市带来了大量的财富。但是在十六世纪末以后，由于泻湖的河汊逐渐淤塞，出海水道难以通行，致使阿维罗港口关闭。两百多平方公里的泻湖成了一片死水。

出海口的淤塞不仅使阿维罗的经济衰退，人口减少，而且淤水造成了很大的卫生问题，疾病流行，严重影响了城市的生存和发展。直到 1808 年，工程师们采取了建水坝和开凿运河的方法，重新打通了阿维罗的海上通路，这座城市才又开始复兴。

运河是城市机体的大动脉，它让阿维罗有了新的活力。两百多年

来，渔船通过运河出海捕鱼，运盐船通过运河把泻湖盐滩上的盐从这里运到欧洲各地。现在摩里塞罗则载着来自世界各地的游客穿梭在几条运河之间，漫游在阿维罗的城市各处，直到海滨绵长的沙滩和古老的晒盐场。

摩里塞罗是阿维罗特有的一景。人们把它比作威尼斯的游船贡多拉。但它们与贡多拉也有很大不同。几百年前，摩里塞罗是阿维罗人到海上采捞海草的工具。他们用海草沤肥耕种。自从普及化肥以后，摩里塞罗失去了原来的作用，却在旅游市场找到了自己的位置。现在的摩里塞罗比以前漂亮多了。在它们高高地翘起的船头上都用鲜艳的色彩画上醒目的图案，有些是花卉和几何形状的纯粹装饰。更多的是

河上的摩里塞罗和河边的传统建筑

琳琅满目的瓷器小店

用图画来讲述葡萄牙和阿维罗的历史、人物、传说，甚至街头巷尾流传的闲话和家长里短。这些绘画用笔拙朴但充满阿维罗人的幽默。船工们往往一边摇橹一边给船上的游客讲述自己船头画的故事，引得船上笑声一片。

其实，这些花花绿绿的摩里塞罗与阿维罗的名头“葡萄牙的威尼斯”一样都更应该算是现代旅游发展的产物。阿维罗真正的文化价值并不在水上，而是在岸边的城市建筑上。运河两侧一字排开的那些高高低低的楼房都身披着华丽的瓷砖外墙，连运河边的人行甬路的地面也都用瓷砖拼铺着美丽的几何图案。这些瓷砖向人们展示着葡萄牙传统文化的经典。

到葡萄牙旅行的游人很快都会发现这个国家无处不在的瓷画艺术。蓝白两色的瓷艺最为经典也最普遍。最著名的瓷画代表是波尔图火车站候车大厅四面墙上用两万多块瓷砖拼出来的大幅瓷画，它们逼真地描绘了葡萄牙历史上的重大事件和著名人物。

在葡萄牙，瓷砖装饰叫“阿兹勒赫”，来自阿拉伯文“光滑的石

瓷砖墙

头”的意思。据说，它是在十五世纪时由摩尔人从阿拉伯传入葡萄牙的。它继承了阿拉伯装饰艺术风格，以花卉和各种几何图案为主。十六世纪时，西班牙和意大利的工匠带来了可以直接在瓷砖上作画的工艺，从而创作出了大批的瓷画作品。十七世纪，西班牙艺术家又从荷兰引进了代尔夫特蓝陶，奠定了葡萄牙瓷器发展的基础。

因为在十七世纪末，葡萄牙国王佩德罗二世禁止进口瓷器，葡萄牙本土生产的瓷器有了极大的发展，于十八世纪进入了瓷器的黄金时代。在大小城市的教堂、宫殿、广场、公共建筑和私人住宅的墙壁、地面和顶棚上大量使用瓷砖瓷瓦。它们既有很强的装饰作用，又具有调节温度的功能。瓷艺在葡萄牙流传和发展五百多年从未间断，发展出完整的葡萄牙本土的艺术风格和工艺技术，成为葡萄牙文化的精髓。并且，广泛流传到了它的海外殖民地，在巴西等南美国家的城市里也经常可以见到这样的壁画和瓷砖建筑贴面。

阿维罗作为葡萄牙传统的烧瓷业中心，有着十分悠久的制瓷历史。1985 年，在阿维罗附近发掘出土的古罗马瓷窑遗址发现了大量

描绘历史故事的瓷砖墙

的陶瓦、瓷片和土瓷立柱。考古学证明了它们都是公元三世纪左右的制品。十八世纪是阿维罗制瓷业最兴盛的时期。在老城的 Pct.dos Oleiros 街和 Rua do Rato 街一带集中了大量的手工瓷器作坊。阿维罗生产的瓷砖被运送到葡萄牙各地的市场。

阿维罗老火车站

十九世纪后期，欧洲新艺术运动的兴起让阿维罗的瓷艺有了很大的变化。在传统的几何装饰图案中大量加入了花草元素。同时，更多地采用流线和波浪形的图案，让艺术风格变得更加明快和活泼。新艺术运动在阿维罗留下了大量的文化艺术遗产，其中，最醒目的是阿维罗老火车站。

与波尔图火车站候车大厅里美轮美奂的瓷壁画相对照的是阿维罗老火车站外墙上的装饰。这是一座外形很普通的三层小楼。如果没有它外墙上的瓷砖装饰很少会有人对它多看上两眼。但是，瓷砖让它变成了一件精美的艺术品。这座建筑使用本地生产的瓷砖，采用了十九世纪初流行的浅色瓷贴面，洁白的衬底上用漂亮的纯蓝色作画。在门窗的四周是用花卉和藤蔓构成的复杂图案，非常精致。在一层的外墙上用多幅蓝色瓷画描述了阿维罗的历史、文化和风情。当然，扬帆出海去打捞海草的摩里塞罗也在其中。这些美丽的蓝色瓷画被衬托在光滑细腻的白色瓷砖墙上，充分显示其典雅的风格。这让火车站变成了一件精美的大瓷器。

除了经典的蓝色瓷砖以外，在阿维罗城里，还可以见到不少其它颜色和图案的瓷砖建筑。特别是在主要运河的两岸，各种富有洛可可和新艺术运动建筑风格的小楼用不同的瓷砖作装饰，有平滑的也有带浮雕花纹的，有瓷制拱顶、立柱和琉璃瓦，也有门窗框和围墙。由建筑师弗朗西斯·奥古斯托和科罗迪在 1907 年合作设计的建筑 Casa Major Pessoa 现在是阿维罗城的艺术博物馆，被公认是这个城市最美的建筑。它由纯白色的瓷砖构建出雕花石柱、拱顶、门廊、窗框、阳台和曲线形的楼顶装饰，有一种完美的大理石宫殿的效果。它的门窗和拱顶的瓷雕图案均由花卉构成，纹路精细，图案繁杂，配以各种流畅的曲线装饰，尽显葡萄牙艺术风格。

在 Casa Major Pessoa 左右两侧共有二十八处建筑被登记为阿维

老火车站瓷砖墙的细节

罗城的文化遗产。它们以不同的形式、颜色和图案展示了这个有五百年陶瓷艺术历史的城市的建筑精华。

当人们说到陶瓷艺术时，往往想到的是那些或古朴或精美的瓷器和餐具。而阿维罗向我们展示的是瓷器的另一种美。它的艺术之光闪耀在建筑的墙面上，不为私人而收藏，为公众所分享。

市中心建筑的瓷砖墙

32 瑞士

阿彭策尔，农民墙画让苍白小镇生辉

阿彭策尔市是瑞士阿彭策尔州的首府。按一般的概念，州府一定是个大都市，至少也是个中型的城市。可实际上，阿彭策尔市只是一个小镇子，才有六千多居民。阿彭策尔位于瑞士东北部一个被群山包围的谷地中，四周都是高大的丘陵，山坡上绿草如毯，牛铃叮咚，一看就是一个富饶的农牧区。

的确，阿彭策尔是瑞士一个典型的农牧区。它远离现代化大都市的喧哗，保留着自己几百年不变的独特文化传统和生活节奏，有一种任你世界风云千变万化，我却心无旁骛，安静地过自己的日子的超然。这样的生活宁静平实，但也容易缺乏色彩和活力。不过，当我今天徘徊在阿彭策尔城里的街道上的时候，感觉可以用眼花缭乱、目不暇接来形容。一条三百米的主街我竟走了四十分钟。让我东瞧西看不断驻足的是，街道两侧一字排开的建筑的外墙上色彩艳丽、引人注目的装饰图案。

现在来阿彭策尔的游人有很大一部分是专门为这些有特殊装饰画的建筑来的。可以说在瑞士，甚至在欧洲其它地方，没有别的地方的城市建筑被用这种方式美化着，以农民的朴素审美和地方传统文化的渲染方式。

在阿彭策尔逗留的两天里，几乎每一个遇到的人都会提到卓南 · 哈艮托伯勒，这个小镇的居民对他的热爱溢于言表。人们都异口

五颜六色的阿彭策尔传统木楼

同声地说，是哈艮托伯勒让他们的小城变得这样五彩缤纷，这样漂亮的。

哈艮托伯勒是本地一个农民的儿子，他出生于 1897 年，二十世纪二十年代他从圣加仑应用艺术学校毕业以后，又去意大利的佛罗伦萨和罗马学艺。回到家乡后，他主要为各地的教堂创作宗教题材的壁画、墙画和彩色玻璃画。

1923 年，二十六岁的哈艮托伯勒在阿彭策尔市接到的第一个工作是为本镇的圣莫里斯教堂的钟楼创作一幅圣莫里斯的巨幅画像。经过哈艮托伯勒几个月的工作，一位高大英武，一身当地农民装束，头顶神圣光环的圣莫里斯的画像出现在钟楼的外墙上。他居高临下地“矗立”在这个小城的中心，从城里几乎每一个角度都可以欣赏到他充满男性英雄气概和魅力的英姿。据说，当时因为哈艮托伯勒笔下的圣莫里斯过于英俊性感，让位于离教堂不远的地方的修道院里的修女们都难以静下心来做每日的祈祷。这在小镇引起了很大的非议。为此，哈艮托伯勒只好把墙画做了修改，把圣莫里斯原来过短的裤子加长了一截，遮住了他强健的双腿。修改后的这幅高十一米的圣莫里斯画像被阿彭策尔人接受了，也因此让哈艮托伯勒在这个地区开始有了名气。他从此以阿彭策尔为基地，到本地区不同的村镇教堂作画。同时，多才多艺的哈艮托伯勒还创作了许多景物花卉画、家具装饰、室内装饰和陶器。

1931 年，哈艮托伯勒的妻弟在阿彭策尔街上开了一家药店，为了让店铺醒目和漂亮，他请哈艮托伯勒为房子设计一个与众不同的外墙装饰。当时，阿彭策尔地区的传统民用建筑多为四至五层的木楼。其中，最上面的一两层为阁楼，藏在宽大的屋顶下。下面几层每层都有多个窗户一字排开，各层窗户之间由木板墙相隔。这种建筑形式的

画廊般的街道

外观比较单调平庸，没有什么吸引人目光的亮点。为了满足妻弟的要求，哈艮托伯勒决定用墙画来装饰各层窗户之间的木板墙。而为了突出药店的特点，他突发灵感，决定用不同的草药植物和花朵作为墙画的题材。

在阿彭策尔的传统里，草药是人们传统的保健治病的方法。人们用从四周山上采来的草药制成各种饮品和冲剂，在当地居民中很受欢迎。哈艮托伯勒的妻弟开的就是这样一家草药店。哈艮托伯勒发挥了自己对色彩的独特感知力和对花卉的描绘特长，在这家药店的正面外墙上画出了十几种用来作为草药的花草。顿时，这座建筑从平淡无奇变得蓬荜生辉，让所有人都眼前一亮。

这间漂亮的草药店出现在阿彭策尔的街头上以后，马上就引起了邻居的兴趣甚至嫉妒，于是一个又一个的店铺主人来要求哈艮托伯勒也为自己的店铺进行美化，特别是要美化得与众不同。另一些居民受到哈艮托伯勒创作的启发，也自己动手来美化墙壁。居民们似乎在进行着一场比赛，看谁家的墙画更漂亮更有特色。慢慢地，这个镇子几

阿彭策尔的地标——画着各种草药的老药店

花卉在木墙上争奇斗艳

乎所有主要建筑都披上了五颜六色的外衣。墙画的内容有花卉、抽象图案、人物、动物和传说中的神兽。而作画的风格都不失当地农民画的鲜亮和拙朴。从此，阿彭策尔一改沉闷的气氛，变得生动起来。

人们说，你在阿彭策尔的街上走的时候，要抬起头来向上看，每座建筑外墙上的那些装饰图案都会让你感到欣喜。这个小镇简直就是一个农民画的画廊。本来，这种并列排在一起的阿彭策尔传统民居就有一个别称，称为“针织块儿”建筑。因为它们方墙尖顶，一排排的窗户像钩针织物上的洞眼。每一座房子是一块织物，拼在一起形成一幅完整的图案。现在，加上它们五颜六色的外墙装饰，这个“拼织块儿”更加漂亮了。穿行在它们之间有点像走进了一个可爱的童话里。

现在，当年由哈艮托伯勒设计并绘制的建筑装饰仍有几处被保留着。其中，他的首创作品——洛文草药店已经成了阿彭策尔的地标建筑。另外，还有位于市中心广场边的桑蒂斯酒店。这是一座有一百多年历史的老酒店。它的外墙上的装饰是有阿彭策尔代表性的花卉图案。在桑蒂斯酒店前面的广场上，每年举行阿彭策尔大名鼎鼎的、由

城里的小广场

全城居民参加的直接民主选举大会。这是一个极具瑞士特色的政治事件。在大会的照片上，桑蒂斯酒店和它美丽的建筑装饰也是阿彭策尔最有代表性的景象。

除了装饰墙画外，阿彭策尔城里的商业街上风格各异的店铺标牌也是这个小城的一大特色。过去的年代，各村镇的主街上都有一些接待过往马车行人的驿站，它们很像我们熟悉的“大车店”，服务的内容为餐饮、住宿。它们各自的标牌用生铁铸造，钉在店铺门的上方，伸向街道，有点像大车店的三角旗。在欧洲其它城镇，这种标牌一般都是以花纹、鸟兽为主题。而在阿彭策尔，店主用这些标牌向路人表明自己的营业内容。这些标牌制作得十分有趣，有的是一把咖啡壶，有的是一个正在铺床的女人，有的是一个赶马车的脚夫，它们让人对本店铺的功能一目了然。

夏天的夜来得很晚，吃过晚饭天色还没完全黑下来。我趁机又走出酒店到街上欣赏夜色里的街景。桑蒂斯酒店的窗户已透出了橘黄色的灯光，在白纱窗帘后面人影晃动，街上建筑底层的店铺橱窗也亮起

著名的桑蒂斯酒店
和它门前的广场

店铺门上的特色标牌

了灯光，辉映着墙上的装饰。我在灯光下把街上的墙画又欣赏了一遍，比起白天在阳光下面，此时它们另有一种朦胧的浪漫。街上游人寥寥无几，整个小城开始了“休眠时段”。阿彭策尔本来是一座隐身在偏远山区，平淡无奇的小镇，既没有金碧辉煌的宫殿，也没有宏伟的城堡，然而，它却是一个让游人远道而来的旅游胜地。吸引游人的正是那些装饰得异常美丽的传统建筑，是它们让阿彭策尔独具魅力，它们是阿彭策尔人的骄傲。

在阿彭策尔，一个艺术家独出心裁的设计打破了一个城镇的苍白平庸，而居民对美的追求让这个城镇变成了一个漂亮的童话世界。

夜色里的桑蒂斯酒店

第六篇

民居，城市标牌

即使一座城市的地标往往是王公贵族留下的古堡和宫殿，但从城市的发展史上看，它最早出现的肯定是民居，是那些名不见经传的小人物的栖身场所。然而，这些卑微的建筑并不总是被淹没在历史的长河里。当它们凝聚着这座城市的历史，代表了它的文化时，传统民居就成为了这座城市的灵魂和集体地标。

33 阿姆斯特丹，有一群歪歪斜斜的运河楼

荷兰

阿姆斯特丹运河纵横，被誉为欧洲北部的“威尼斯”。提起这座水城，不少人先会想到它的郁金香，却不知道这座城市也有好几十座像意大利的比萨斜塔那样奇异地倾斜着的建筑。它们就是阿姆斯特丹运河楼。运河边的楼群给予了这座城市独具荷兰特色的风情。而赋予这一风情的正是比“威尼斯商人”更加精明的阿姆斯特丹商人。

走在阿姆斯特丹城里的运河边上，一定要记得抬头看看身边的那些老楼房。你马上会怀疑自己是不是刚在饭馆里多喝了两杯酒。或者，是那些老楼房喝高了？它们正头重脚轻地摇摇欲倒呢。甩甩头，定睛再看，原来既不是你自己喝多了，也不是老楼房醉酒了。它们真的是倾斜地站着的，而且，这一站就站了好几百年。

如今，阿姆斯特丹是欧洲屈指可数的商贸和文化大都市，但在八百年前它只是个坐落在阿姆斯特尔河边人烟稀少的小渔村。一群从欧洲内地来的探险者划着小木船穿过河汊水网来到这里落了脚。他们在周围的河道和沼泽上修建了水坝和堤堰，然后就开始对来往的船只征收“买路费”。同时，他们还发展起了造船和啤酒酿制。很快，这里就变得热闹起来。1275 年，荷兰的弗罗里斯大公正式把水路商贸的税收制度化，并给予了阿姆斯特丹的商人们以优惠的税率，加快了这里的经济发展和繁荣。随着欧洲中部和波罗的海地区鲱鱼贸易，以及荷兰与德国之间的啤酒贸易，大批富裕的犹太人来到这里发展，带

来了大量的财富。1602 年，大名鼎鼎的荷兰东印度公司成立。阿姆斯特丹城占有这个公司的大部分股份，它的财富得到了极大的积累。从而，阿姆斯特丹在十七世纪初进入了它历史上的黄金时代。

在这个时代里，阿姆斯特丹城市扩建，修建了几条著名的运河。在运河两岸城市规划和建设大兴土木，一片繁荣景象。随着城市的发展，文化和艺术也得到了极大的繁荣。大批艺术家从欧洲各地来到阿姆斯特丹发展。在不到三十年的时间里，这里诞生了伦勃朗等一大批世界闻名的美术大师，也云集了大批的顶级艺术经纪人。

阿姆斯特丹的城市发展与它所在的地理环境有着相当大的关系。它位于阿姆斯特尔河的入海口，地势平坦低洼，河汊纵横交错。自古以来，修筑运河和堤堰就是城市发展的关键。经过数百年的发展，现在阿姆斯特丹的运河总长超过一百公里。有一千五百多座大小桥梁

运河边的斜楼（一）

运河边的斜楼（二）

横跨在河道上，连接起九十多座岛屿。其中，赫赫有名的三条大运河——绅士运河、王子运河和皇帝运河都是开挖于十七世纪的黄金时代。它们环绕着城市，组成了阿姆斯特丹的运河带。在这些运河边发展出了阿姆斯特丹独有的建筑群——运河楼。

来阿姆斯特丹观光的人很容易被运河边鳞次栉比的老楼群所吸引。人们会发现它们尽管形态各异、色彩不同，但却都有一个共同的特点，就是都又窄又“瘦”。这一建筑特点既受限于阿姆斯特丹的地理条件，又源自阿姆斯特丹商人精明的头脑。

十六世纪末十七世纪初，因经济贸易发展迅速让阿姆斯特丹的商人获得了十分可观的财富。城市对他们的课税也随之越来越重，对于私人住宅的建筑有了十分苛刻的规定，如规定每座运河边的建筑所占的街面宽度不能超过三米，否则就会被课以重税。对于房屋的高度规定倒是相当慷慨，最高可以建到六十米。不过谁都知道，在阿姆斯特丹所在的滩涂湿地上建造六十米高的楼房在当时几乎是不可能的。

针对这些规定，精明的商人自有他们的一套应对办法。因为要按楼房的街面占地宽度赋税，他们就把自己楼房的临街一侧建成窄窄的一条，窄得几乎只能放上一个街门和一扇小窗。楼梯则藏在楼房的背后，而且还修在外面，这样就不会占用建筑内部的使用面积。更让人对他们的精明佩服的是，为了尽量在有限的底层占地面积上获得更多的楼房使用空间，不少楼房的主人还把楼的上层面积加宽加大，在空中超出它的底层面积。这样一来，许多老运河楼的外墙都从上往下向街道倾斜着，从而造成了阿姆斯特丹的“斜楼奇观”。

这种费尽心机钻营出来的楼房设计让阿姆斯特丹的商人们少交了地皮税。他们还进一步发挥自己的聪明才智从而获得更大的利益。细心的游客如果抬头往上看，还会发现在不少斜楼的顶部都向着街道伸出来一个特别的装置——一个带滑轮的吊钩。

这个吊钩不是楼房的装饰，而是极具使用价值的设施。因为运河楼又窄又高，楼梯也是很窄很陡，所以，住户在需要往楼上搬运大件重物时相当困难。为此，聪明的设计者巧妙地利用了楼房向外倾斜的特点，在楼顶安上一个吊钩就可以从楼外把重物拉吊到屋子里了。过去的年代，阿姆斯特丹商人用这些吊钩往顶楼进货棉花包、香料包。如今，阿姆斯特丹人仍然在利用这些吊钩在搬家时搬运自己的大件家具和钢琴。

阿姆斯特丹商人的精明不仅表现在运河楼的设计上，还体现在他们的私人住房的外观装饰上。在十七世纪的黄金时代，阿姆斯特丹是欧洲最富裕的大都市。然而，在这个时期修建的运河楼却很少见到像巴黎、伦敦等大都市常见的华丽奢侈的民用建筑。为了减少政府税收部门对自己的财富的注意，阿姆斯特丹的富商们遵循着“不露富”的

斜楼楼顶的大吊钩

原则闷声发财。所以，大部分运河楼的主人虽然是富甲天下的大富商，但他们的住宅却很不起眼，看上去完全是平民建筑。

现在藏身于阿姆斯特丹运河楼群里的这些富贾小楼有些被保留下来作为历史或者艺术博物馆对公众开放。在里面，人们可以了解这座城市八百多年发展的历史和对运河楼的详细介绍。其中，有位于美丽的绅士运河畔的运河楼博物馆（Granchten Museum）、荷兰东印度公司的合伙人冯 · 隆的故居（Van Loon Museum）和美术大师伦勃朗的故居（Rembrandt House Museum）。伦勃朗在1639年购买了这座小楼，在这里进行艺术创作近二十年。

对阿姆斯特丹独具一格的运河楼好奇的游人，还可以在一座不起眼的运河楼里参观秘密修建在它的顶层的“阁楼教堂”。它是1630年在荷兰天主教改革期间保守的天主教徒为了秘密祈祷而修建的私人教堂。在老城中心著名的瓦隆教堂城门的旁边，人们可以看到号称是“欧洲最小房子”的迷你运河楼。它只有两米宽、深向五米。但麻雀

斜楼都又高又窄，楼顶山墙有各种装饰

虽小，五脏俱全。它同样有着两层楼房和一个小小的顶楼。它是阿姆斯特丹运河楼的经典代表，见证了这座城市发展的历史。从十六世纪中期被建造以来，它既做过私人住宅，又曾经是市政府的财产，还作为过东印度公司的办事处。现在，它被作为荷兰国家历史遗产保护起来，是这座城市传统建筑的瑰宝。

沿着阿姆斯特丹老城里的运河边漫步，有时会有一种到处满满当当，狭小拥挤的感觉。这一方面是因为那些摩肩接踵地紧紧挤在一起的窄楼，另一方面，也是因为在本来就不太宽的运河里，很多地方还

藏身在楼群里的阁楼教堂

停泊着一些老式的木船。它们中最老的已经有上百年的历史了。在过去的年代里，这些木船都是给运河楼里的商户和居民运送货物与生活用品的船只。第二次世界大战结束后，荷兰曾经有一时期住房紧张。一些穷人就把已经废弃了的运输木船加以改造，生活在船上。这种船屋低矮简陋，又湿又潮，既无水又无电，只能靠烧柴烧油煮饭。虽然条件差，但好歹是个家。

二十世纪六十年代以后，阿姆斯特丹市开发建设了一批被称为“现代方舟”的水上住宅。它们多建在运河边的傍水平台上，是一两层高的水泥现代建筑。而生活富裕的中产阶级开始追求怀旧情怀，把目光投向了运河上那些老旧的木船。人们在木船内部增建了现代化的生活设施，通了电，并且与城市的污水处理系统连接起来。现在这些运河船屋的居住条件一点也不比现代楼房的条件差。相反，漂在运河上的船屋具有公寓式楼房没有的独特情调，因此，被有钱有闲的人和艺术家、文学家们所青睐。

不过，改造一只运河船屋并不难，难的是给它申请到一张船屋许可证，在运河上找一个能合法停泊的地方。阿姆斯特丹市虽然河道纵横，但毕竟市中心的黄金地段面积有限，市政府发放的许可证远不能满足申请人的数量。目前，阿姆斯特丹市中心的运河圈内共有七百五十只有许可证的船屋。市政府已经决定不再发放更多的许可了。因此，阿姆斯特丹人都知道，一个“豪华级”的运河船屋，值钱的不是它本身，而是它的许可证。一只豪华游艇，没有许可证也是“一钱不值”的。但一只几乎报废的老旧木船，只要有一张许可证就价值万金，主人就可以在船上随心所欲地设计建造自己喜爱的水上房屋。正因为此，这些船屋的主人有一个名字叫“水上嬉皮士”。

五颜六色的老船屋停在运河边，日夜与那些东倒西歪的老运河楼相伴，构成了一幅阿姆斯特丹的经典风情画。老旧在这里战胜了簇新，它告诉人们，一座古老城市的文化价值不是光鲜耀眼的现代化高楼大厦，而是那些让人们想到过去的东西。

运河边的楼群和河里的船屋

34 摩洛哥

蓝色梦幻舍弗纯

舍弗纯是一个蓝色的梦。每当我看到那些闪着莹莹蓝光的照片的时候，我都会陷入一个蓝色的梦境之中，怀疑自己是否真正到过那座深藏在摩洛哥东北部利夫山脉中的小城。

那天，我在摩洛哥著名的古皇城非斯游览，中午走进了一家小饭馆，叫了一道名叫“哈里拉”的美食汤。笑盈盈的侍者把“哈里拉”端上来的时候告诉我，这是一道他的家乡舍弗纯的传统佳肴。他家族的几代人已经在那个小城居住了五六百年了。侍者的眼睛望着窗外的远方，似乎有泪花在眼眶里闪亮：“你要是去了那里，你的心会随着她的光与色而飞舞起来。”

于是，我决定去舍弗纯，看看那座能让心飞舞起来的蓝色小城。第二天的早晨，我离开了非斯，向北穿过了一块块开始成熟的庄稼地，然后是一片又一片的橡树林。利夫山脉的景色与摩洛哥南部的阿特拉斯山脉的苍凉有些不同。绿色散落在不太肥沃的山谷里和山坡上，羊群在仙人掌和矮小灌木丛中吃草。农人骑在驴子的背上慢悠悠地在山路上行走。女人们戴着色彩鲜艳的锥形花帽。

“舍弗纯”在柏柏尔语里是“羊角”的意思，取自小城背后像一对山羊角一样展开的两座山峰。小城就坐落在这对黑黝黝的巨大“羊角”的中间。十五世纪末，基督徒收复了曾经被摩尔人统治了近八百年的伊比利亚半岛，把犹太人和穆斯林驱赶到了直布罗陀海峡对面的利夫山脉中。他们在这里修建了要塞式的避难城堡，以抵抗北方葡萄牙人的侵扰。

在犹太人的圣经里要求信徒们把祈祷时用的披肩的一缕织物染成蓝色。每当在他们看到这蓝色的时候，就会想到蓝天，和在天堂注视着他们的上帝。据说，那原始的蓝色染料取自一种神奇的贝类。时光的消逝渐渐让人们遗忘了提取这种染料的技术，但蓝色已深印在犹太人的心里。于是，舍弗纯最早的主人犹太人按照他们的古老传统把城中的建筑和街道也涂染成了蓝色。

西班牙人的统治为舍弗纯留下了浓郁的安塔露其亚文化和风情。在这里不仅西班牙语通行，而且还可以听到在西班牙本土已经消失了上百年的土语。在舍弗纯城里随处可见西班牙文化的遗产，它们混杂在伊斯兰文化的建筑中，让人犹如来到了安塔露其亚的城镇。饭馆里的地中海西班牙美食与典型的摩洛哥食品一起诱惑着游人的胃口。难

小城如同一个蓝色的梦

怪许多西班牙游客特意来到舍弗纯，寻找本民族文化久远的回忆和祖先生活的遗风。

与辉煌的摩洛哥古皇城非斯相比，舍弗纯更像一个大村庄。宁静笼罩着她的老城，一切都淹没在如梦如幻的蓝色里。墙是蓝色的，门窗是蓝色的，台阶是蓝色的，狭窄的小巷的地面也涂成了蓝色。这还不够蓝，摆在门前的花盆也闪着蓝釉。各种不同色阶的蓝在白色的墙壁上晕染开来，让一切都变得不太真实，就像在蓝色的海底漫游。

蓝色的舍弗纯老城静悄悄的，没有汽车的噪声，只偶然有身穿长

街道两侧的屋墙都涂成蓝色

袍的当地居民匆匆走过。妇女们色彩鲜艳的长袍在蓝色的背景中一闪便不见了身影。手拿照相机的游客在迷宫一样的小巷里东张西望，脸上写满了惊喜和迷茫。据说，旅行者们对舍弗纯城的居民的评价相当高。这座典型的旅游化的小城的居民似乎并没有像其它旅游城市那样被惯坏、被金钱所污染。他们在游客面前保持着矜持与淡定。在舍弗纯，游人不用担心会被拥上来的旅店主们所拉扯，不会被伸着手的孩子们所包围，也没有谁会纠缠不休地跟在你的后面推销。

摩洛哥风格的门

老城不大，但小巷曲折蜿蜒，对陌生人来说就像一座迷宫。而当地的居民总会在迷失方向的游人需要帮助的时候出现，大人、孩子都会用英语、法语或者西班牙语向游客问好，含蓄但不失热情，矜持又不失礼貌。我在老城里漫游时，曾拦住一个路过的男孩儿寻问去老城中心小广场的路。他很高兴地把我领到了那里时，我下意识地掏出些零钱给他作为酬谢——这已是在摩洛哥旅游时的惯例了，但男孩儿却摇摇头谢绝了。我感到有些尴尬也感到了欣慰，这让我对舍弗纯的好感又多了几分。

舍弗纯的居民不太愿意被游人拍照，但他们却很高兴游客们把镜头对准他们美丽的小城和那些琳琅满目的手工艺品。在被蓝色笼罩的舍弗纯古城的深处，人们会发现另一些艳丽的、令人眼花缭乱的对比色。它们来自那些美轮美奂的摩洛哥民间手工艺品——羊毛粗毯、五

蓝色小城的街道

彩丝巾、五颜六色的陶器和银器、色彩斑斓的衣裙和鞋帽。这些极具阿拉伯异国风情的手工艺品让来自世界各地的游人们爱不释手。除了在老城中心的小广场四周的货摊外，游人在老城的小巷里闲逛时，常常会在不经意间眼前一亮：小巷角落一户人家的门口一溜挂满花花绿绿的阿拉伯女式长袍；一截裸露着斑驳白灰的蓝墙上悬吊着一串串的繁缛又华丽的柏柏尔人首饰；一个不起眼的街角摆着一堆做工精美的银器和陶器。没有叫卖，没有推销，货物无言地在向游客招手，邀请他们掏出自己的钱包。

柏柏尔人的织毯

在照相机的镜头前往往很快避开的小城居民对在自己家门口张望的游人却十分大方热情地相邀，请他们进来看看自己家的手工艺品作坊。在这些私人的小店里，传统的装饰品应有尽有，彩釉的安塔露其亚风格的陶器、摩洛哥山区朴素的手织挂毯、圆锥形的女花帽、典型的北非民族乐器乌德琴、镶嵌着银丝的骆驼骨盒子、山里采集到的晶体宝石和阿拉伯女人华丽的裙袍绣鞋……

然而大多数游客来到舍弗纯享受的是另外的东西。除了它的宁静和迷人的蓝色外，还有那些摩洛哥和西班牙风味的美食。舍弗纯著名的山羊奶酪是游人必尝的佳肴。舍弗纯是摩洛哥少有的宁静得能让人放松的地方，它有一种懒洋洋的气氛。在这里，人们会忘记工作与生活的压力，不再想着去回复电子邮件和手机短信。坐在老城咖啡馆的露天茶座上或者家庭旅馆的小阳台上，品着清凉的薄荷茶发呆，看着夕阳一点点地掠过蓝白相间的土墙，把它们变成金黄色。

老城中古老的清真寺钟楼上响起了晚祷的呼唤，我想起了非斯饭馆侍者的话。是的，我的心在这蓝色的小城的上空舞蹈，舞出了一个蓝色的梦。

摩洛哥陶罐

35 德国

吕贝克，美丽的尖顶

作为一个四处周游的旅行者，没有哪一个欧洲城市能像吕贝克那样让我的感觉跌宕，从一个极端跳到另一个极端的了。几年前，当我在旅途中与吕贝克不期而遇时，心里全是像在翻阅一本美丽的童话时的那种欣喜，吕贝克就是那童话里神奇的小仙子。而今天，当我好奇地探索它的身世的时候，赫然发现那里面竟深藏着如此惨烈的历史沧桑。震惊之余，不禁回想起第一次与吕贝克相遇的情景。

那是在从哥本哈根去汉堡的途中。火车在德国北部的大平原上疾驶，我漫无目标地看着窗外，铁路沿线没完没了的绿色带来了视觉疲劳，让人昏昏欲睡。突然，我发现平淡无奇的窗外景色出现了一片不同寻常的影子。那是一片不大不小的城市，令人精神一振的是城市的轮廓上竟耸立着那么密集的尖顶！

在欧洲旅行，每个城市里都可以见到各式各样的古老尖顶建筑。它们的异国风光十足，是我的最爱之一。但我还是头一次见到这么多尖顶如此密集地集中在一处，就像一座尖顶博物馆。列车开始减速了，从时刻表上看，这里离汉堡站应该还有半个多小时的路程。我来不及在地图上确认此站的名称，就当机立断，抓起背包下了火车，向着那片尖顶走去。

比想象的还要令我振奋，迎面而来的竟是异国风情十足的童话世界。

仅仅这个童话世界的大门就足以让人惊喜。那是两座圆柱形的红砖城堡挟持着一座三层楼高的墙体。两个圆柱上各醒目地盖着一个灰色的圆锥顶，光溜溜的样子让我想起童话中铁皮骑兵的尖帽子。一定是因为站得年头太久了，两个圆柱堡从两边向中央歪倚着，似乎在用力挤压着中间的砖墙。这种奇特的形象使得整个城堡更像一幅童话书中的稚趣插图了。

被两个铁皮兵挤得缩成一条的砖墙上开了两排回廊样的窗户，顶上还有两层高高的女儿墙。它的下部是一个半圆形的拱顶城门。从这座古堡式的城门向后望去，小城里面是一个又一个风格各异的带尖顶的古典建筑。若不是城门口的一块指示牌子上的介绍，我真以为这里是一座德国的“迪士尼乐园”。

塔沃河畔的吕贝克

那块牌子上写道：“吕贝克，奠基于 1143 年，之后被大火焚毁。1159 年由撒克逊大公重建。1226 年吕贝克摆脱地方贵族及教会的控制成为欧洲早期平民自治的港口城市和商贸中心。1987 年联合国教科文组织将吕贝克城列入《世界遗产名录》。”原来这座“迪斯尼乐园”竟是一座地地道道的千年古城！

穿过眼前的地标建筑赫斯腾特城门，我走进了古城吕贝克。塔沃河在四周完完全全把小城围绕起来，就像一条天然的护城河。在它的外围，埃来伯河与瓦克尼兹河通过运河与塔沃河水系相通，使吕贝克向南与德国北部的工业重镇汉堡、向北通过波罗的海与丹麦相邻。自古以来，得天独厚的地理条件使吕贝克一直是德国北部最重要的港口之一。

童话般的吕贝克城门

1143 年，吕贝克奠基以来，由鲱鱼集市开始发展，来自德国南部和欧洲其它地方的商人从这里行船北上到达丹麦、瑞典和其它波罗的海国家。商贸交流的繁荣让吕贝克逐渐成为波罗的海地区商贸的枢纽。1226 年，吕贝克宣布成为脱离地方贵族和教会控制的自由城市，这是欧洲最早的平民自治城市。在十三世纪近百年的时间里，吕贝克是当时波罗的海沿岸最强大的中世纪商贸组织汉萨同盟的首府，被誉为“汉萨女王”。许多具有中世纪哥特式风格的建筑在这个时期在塔沃河畔建立起来。它们多为具有波罗的海和北欧风格的砖砌建筑，其中最为经典的是圣玛丽大教堂。

圣玛丽大教堂是吕贝克人的骄傲。它矗立在老城的中心，是我在吕贝克第一个参观的地方。它的拱顶高达 125 米，始建于十四世纪，历经近百年才建成。虽然它的砖砌建筑与欧洲其它地方常见的大理石教堂相比显得不够华美，但却更有一种肃穆之感。这与它的哥特式建筑风格相呼应，中世纪之风呼之欲出，是欧洲北部哥特式砖砌建筑的典范之作。在这个教堂陈列着大量的宗教和文化遗产。其中，最引人注目的是世界上最大的机械管风琴。在十七世纪末，世界著名的教堂音乐大师迪特里希 · 布克斯特霍德曾用它演奏了许多著名的音乐作品。

走出圣玛丽大教堂，马上就到了吕贝克的市政厅广场。这里的环境一扫大教堂的神圣肃穆和沉重压抑气氛，展现了吕贝克作为九百年的自由城和商贸中心的风貌及其平民意识。在广场四周的许多建筑都是当年的商号和储货仓库。而最独具一格的要属市政厅。令它与众不同的是，与小城其它砖砌建筑相比，它的红色更加鲜明。据说，这是因为当年为了能使建筑的颜色持久，人们采用了公牛血、灰土和某些神秘的材料混合烧制的砖石。市政厅的另一个独特的造型是其顶部用来做装饰用的红砖山墙。在块块山墙之间立有一排直指青天的尖顶圆

吕贝克大教堂

柱。另外，在山墙上还开了好几个直径数米的大圆洞，在建筑美学上独具一格。开这些大圆洞的目的是为了在遇到大风时，风可以从洞中穿墙而过，从而减少了风对墙体的破坏力。吕贝克市政厅被誉为德国最古老和最华丽的市政厅。

刚才透过火车的车窗被这座小城密密麻麻的尖顶吸引而来，身处小城之中，我暗自感叹果然不虚此行。仅在吕贝克老城里就建有六座大小教堂，多为十三世纪和十四世纪所建。它们的灰绿色单塔或双塔尖顶刺破蓝天，暗红色的砖墙古老而不凡。上千年的历史发展让古罗马式、哥特式、巴洛克式、文艺复兴时期等不同的欧洲古典建筑遍布全城。不仅有庄严的教堂修道院、华美的市政厅、风格独特的城门、欧洲最古老的平民医院和大大小小的博物馆，在其中，还荟萃陈列了大量的宗教和人文艺术珍品，大到高达十七米的古罗马凯旋大十字架，小到中世纪的木偶和石笔，令人目不暇接。

也许是出于对本行的好奇，我最感兴趣参观的是城中建于 1280 年的欧洲最早的医院建筑。这是当时卢北克城善良慷慨的市民们为那些贫苦的下层百姓修建的医院。医院主体由一座老教堂改建而成，大厅四周和拱顶上还留着圣母圣子的壁画。在这里有几十座小小的单人病房，虽然极为简陋也相当狭小，很多只有一张病床、一把椅子，但简洁安静。特别是几乎都是单人间，体现了西方观念中个人的环境不可被打扰侵犯的传统意识。在一排排小小的、有点像监狱的隔间似的病房前徘徊，想象着八百年前的医院里的情景，浮想联翩。

更让人流连忘返的是城北古老的平民住宅区。据说，中世纪这里曾经是手工艺人和工匠的聚居区。这里的建筑风格与其它街区浑然不同，由一大片低矮的中世纪风格的平房和两层砖楼组成。一条条曲曲弯弯的小巷迂回在建筑群中，房屋参差不齐，显得挺拥挤，小巷或长或短，据说有一百多条。我从城里主要街道的某处拐入一条静悄悄的

市政厅的特色砖楼

经典的北欧红砖建筑

吕贝克的老医院

小巷，观赏着两边质朴无华、风格各异的砖房，左拐右拐，突然柳暗花明，来到一个小小的空场或者简朴的小花园，让人感到情趣盎然。

吕贝克美轮美奂的古老建筑群和与这个小城的不期而遇带来的欣喜，给我对它的第一次短暂访问留下了极为深刻的印象。虽然时间仓促，没有能够静下心来好好地了解一下它悠久的历史和更深层的文化，但我已经有了重访它的打算，而且逢人便宣传德国北边这个童话小城的特殊美丽。它简直让我在童年时百读不厌的格林童话活生生地有了实型。

36 意大利

不是罗马的古罗马城池

从瑞士南部古城马尔蒂尼出发，我驱车向意大利驶去，目的地是意大利北部的奥斯塔城。汽车在一条位于瑞士、法国和意大利三国交界处的山谷里飞驰。随着两侧的大山时而展宽时而收拢，地势明显在升高，眼界也越来越开阔起来。森林逐渐被高山草甸代替，白雪皑皑的山峰在碧蓝的天空下显露出来，一路相随。

这条路必须翻越有数千年的历史和无数传奇的阿尔卑斯山的大圣伯纳山口。自古以来，大圣伯纳山口就是阿尔卑斯山南北两侧人们的主要通道。牧羊人的羊肠小道穿行在森林和山石之间。公元前 25 年，罗马帝国皇帝奥古斯都占领了山口南部。为了继续向北面被高卢人占领的地区扩张，古罗马的军队修路搭桥建屯驻军。如今，在山口两侧留下了大量古罗马帝国的遗迹。

海拔 2469 米的大圣伯纳山口每年只有夏季的三四个月时间可通行，其余的时间里都是大雪封山。冬天里的积雪深达十米，几乎与世隔绝。当年从遥远的英格兰岛前来朝圣的信徒，千里迢迢一步一步地走过朝圣之路去罗马。那条被称为“法兰西小道”的中世纪朝圣之路，如今仍旧蜿蜒在大圣伯纳山口的山坡上。一座圣伯纳修士的铜像高高地矗立在山口裸露的巨石上，他身穿中世纪修道士的长袍，一手握着手杖，另一只手臂为翻越山口的人指示着前进的方向。在他的背后，阿尔卑斯山脉最高的雪峰群巍然屹立，像一道银白色的巨墙。

在数百年漫长的欧洲中世纪，大圣伯纳山口是来自欧洲北部的信徒们翻越阿尔卑斯天堑去罗马城朝圣的仅有的几个山口之一。今天，我站在山口已经被岁月磨蚀得失去了棱角的凯尔特十字架下，望着眼前耀眼的阿尔卑斯雪峰，遥想当年那些虔诚的朝圣者们一步一步历尽艰辛翻越山口的情景，眼前自然而然地浮现出在东方的雪域高原上，那些至今还磕着长头去拉萨朝圣的藏族同胞。不论是在喜马拉雅山的世界屋脊，还是在阿尔卑斯山的欧洲屋脊上，信仰的力量让人们历尽艰险，克服难以想象的困难，向着心中的圣地跋涉。

山口的南麓就是意大利了。站在山口光秃秃的山石上俯瞰意大利一侧的盘山公路，在中世纪修道士铜像的指引下行走的已经不再是历尽艰辛、衣衫褴褛的朝圣信徒了，代替他们的是一辆辆新款轿车和摩托车。它们正沿着陡峭的山坡上数不清的“之”字形弯道急速下降。

大圣伯纳山口

又一条阿尔卑斯山著名的大山谷——瓦莱奥斯塔山谷中有一座古罗马皇帝奥古斯都修建并以他命名的古城。奥斯塔城是意大利最小的大区瓦莱奥斯塔的首府。这个大区是意大利北面与阿尔卑斯山有直接联系的两个大区之一。它的地理位置十分重要。西面，有著名的阿尔卑斯山勃朗峰隧道和小圣伯纳山口与法国相连。北面，有大圣伯纳山口和隧道与瑞士相连。向东南走出阿尔卑斯山脉，就来到意大利最富饶的波河河谷，直通意大利北方的大城市都灵、热亚那和米兰。可以说，奥斯塔就扼守在欧洲南北交通的枢纽上，所以自古以来就是兵家的必争之地。

奥斯塔不算太大，但进了城已经是黑灯瞎火的时候，我不知该往哪里走。只好根据在欧洲城市旅行的经验，在城里向着有高大古堡或教堂的地方去。通常那里就是老城中心，能方便找到饭馆旅店。

果然，在一个小广场的边上找到了一家小餐馆。吃罢晚餐溜达着去旅馆，在老城里转来转去竟迷了路。只记得来的时候是沿着一道挺破的土墙走的，可是回去时这道土墙却越走越长，找不到头了。墙边的小巷很窄，只有不多的几盏路灯。四下静悄悄的没人影。

老城里的民居

大教堂华丽的大门

我开始还好奇地东张西望，后来越走心里越发毛。昏暗的路灯下，自己的影子一会儿变短一会儿变长，不知是自己脚步的回声还是身后有人跟着，好像黑暗的四周埋伏着什么可怕的东西。我再也控制不住自己，不禁撒腿就往灯光最亮的地方跑。

回到旅馆，赶紧打开计算机查一查这寂静的奥斯塔城里是不是有什么神秘的东西。查询的结果却是一个意外的惊喜，原来奥斯塔竟是一个有两千多年历史，地地道道罗马帝国的北方重镇！仅仅从它的名字——罗马帝国最伟大的皇帝“奥古斯都之城”来看，这座城池在古罗马时期的名气就不言而喻了。在奥斯塔几乎可以找到罗马帝国重镇的所有特点：教堂、城墙、城门、碉堡、贵族宅院、公共剧场和浴室、市民广场、斗兽场和凯旋门。

第二天在阳光下，这座古老城池的鬼魅和神秘一扫而光，代替的

古城墙遗址

是让人肃然起敬的雄伟。奥斯塔城初建时是作为奥古斯都皇帝的屯兵要塞。因此，有着典型的军营格局。长方形的城池，街道纵横交错呈棋盘状。一条十米宽的主道穿城而过，一道城墙把城团团保护起来。据说，当初有二十座塔楼和碉堡分布在城墙上。

奥斯塔的主城门由双层的对称城门组成，每一层上都有大小三个拱门。中间的高大拱门用来通过战车和骑兵，两侧的小门过人。大拱门足有两层楼高，用条石垒筑，在拱顶上镶着大理石的装饰。在双层城门之间有一块被碉堡挟持的小操场，约几百平方米，是当年士兵训练和换岗的地方。

城门被精心地保存着，但是上面的条石都古老得失去了棱角，坑坑洼洼、凹凸不平，顶上的大理石装饰也脱落得没多少了，残缺随处可见。奥斯塔城在中世纪重新兴旺时，城里的古罗马遗址却遭了殃。

古城的老城门

那时候，离我们一千年前的中世纪的人似乎对比他们又要早上千年的祖先遗迹并没有保护意识。他们关心的是怎样利用那些经历了千年风雨仍旧结实的古城墙砖石去建造自己的住宅。奥斯塔城的贵族和富裕的人家不约而同地把围绕着古城的城墙当作了自己建房的最好选择。他们不仅拆掉城墙外表的条石搬回家作建材，而且还干脆把结实的城墙当成新建房屋的一面山墙。奥斯塔古城里现在不少中世纪留下的民宅不是依古城墙而建，就是在原有的古代碉堡塔楼基础上加盖的。

老城中心的旁边就是古罗马剧场的遗址，它分明就是古罗马的再现。多层的半圆形剧场展开在一片废墟上，它的背后矗立着一面二十多米高的古墙，共三层，上面分布其几十个大小不同的拱顶窗户。它是古罗马剧场保存下来的一面完整山墙。在空旷的废墟上，这座高大

老城里很多民居都用古城墙的石头修建

古罗马废墟

的山墙像一座雄伟的纪念碑。从窗户望出去，阿尔卑斯山脉银色的雪峰遥遥在望。

两个拱门的残垣守护着遍地高高低低的罗马柱残基。拱门上的几块方石就那样肩并肩紧紧相依地坚守了两千年。这是一处没有游人的古罗马遗址，空旷寂静，似乎有当年歌剧的天籁之声隐隐传来。雄伟的阿尔卑斯山给予了奥斯塔古城独有的雄浑和悲壮。

我想到了不久前看过的一部有关中国汉代西域边关的文献片。那段曾让我心潮澎湃的古代中国西域边陲军事重镇的辉煌历史，与眼前的奥斯塔罗马古城竟是同一个时代。

祁连山与阿尔卑斯山的雪水在同一时代孕育出同样伟大的古代边城。东、西方两千年的古老文明在地球上同时出现了，是历史的巧合，还是人类命运的必然？

古罗马废墟的拱门

第七篇 非屋而居，乐在其中

民居并不一定是通常概念里的房屋，传统民居有着更广义的形式，因此用栖身和生活之处来定义传统民居更为贴切。

37 美国 印第安帐篷，消失的传奇

与印第安帐篷一起出现在人们脑海里的往往是一个英雄史诗般的传奇。头顶插着长长的羽翎的武士们骑在高头大马上面呼啸而来，驰骋在红土绿树的北美大平原上。夜晚，一顶顶尖尖的三角形帐篷在篝火的映照下显得更加神秘。就像那些威武的羽毛头饰一样，三角形的印第安帐篷已经成了美洲印第安民族的标志物。

其实准确地说，三角形帐篷只是在北美中部大平原上狩猎野牛的印第安部落的传统居所。现在借助电影、绘画和文学作品，它已经成了印第安文化的典型代表了。

北美中部大平原北从加拿大阿尔伯特省的南部到美国德州的北部，西面是科罗拉多高原，东面是阿帕拉契亚山脉。这片辽阔的地域以平原和低矮的丘陵为主，是北美野牛生活和迁移的领地。自古以来，也是一些以狩猎为生的印第安部落的传统家园。

野牛的皮、肉和骨为他们提供了吃、穿、住、用的全部。千百年来，他们在大平原上追逐迁移的野牛群，过着百分之百的游猎生活。这样的生活方式要求不断地搬迁、拆除和新建居所，因此，轻便携带、易拆易建的帐篷是最合适的民居形式。

从外形上看，印第安帐篷的显著特点是一个三角圆锥形，它比我们较熟悉的蒙古包更简易些。它由十几根剥掉树皮的桦木或松木杆在顶端绑扎在一起，下端散开成一个圆形，钉牢在地上，外面围上篷

古老的印第安帐篷

布。传统的印第安帐篷的篷布用野牛皮缝制而成，一顶帐篷需要几个妇女共同缝制。为了结实，多用生牛皮，经过刮制处理后把十来张牛皮缝在一起成为一个大半圆形。在半圆形的直边的中央部分开一个口子作为帐篷的烟道，在这个烟道的两侧还要加制两片“烟道瓣”。

“烟道瓣”是印第安帐篷特有的结构之一。远远地看上去，一个建好的印第安帐篷的烟道瓣有点像一个竖起来的大翻领，围在绑成一束的支杆“脖子”上。人们可以根据风向，通过两根导向杆灵活地改变烟道瓣的朝向。这个“大翻领”是帐篷的烟囱口，它的功能是让居民可以放心地在帐篷里烧火煮水做饭。

在牛皮篷布把三角形支架全部围起来以后，人们在最前面用一排十几厘米长的骨针或者木针像系衣服扣子那样把篷布从两侧扣紧。在这排扣子的下部开一个洞口做门，另用较柔软的小牛皮制作帐篷的卷帘门。

印第安帐篷的另一个特殊结构是其内部的衬里。为了保暖、防潮和防虫，在比较讲究的帐篷的内部还会用一圈篷布围起来做衬里。这个衬里从两米高的地方绑挂在帐篷壁上，下部垂到地面。它的下端用地毯、被褥等用品压在帐篷的四周地上。天气更冷时，还会在帐篷壁和衬里之间夹上些干草以保温。

传统的印第安帐篷是一个不对称的椭圆形，一边较宽大作为帐篷的后部，是主人睡觉的地方，帐篷门位于前部比较尖的地方，火塘也

示意搭建印第安帐篷的方法

比较靠近前部，正对帐篷顶上的烟道开口。在火塘的后面、整个帐篷的中心位置会有一个小土台，作为供奉神灵的祭坛。帐篷的后部除了比较宽大外，支架也更陡直，这可以减少气流的阻力，在刮大风时避免把帐篷吹倒。

在印第安人的传统文化里，圆形代表着完美。他们认为宇宙万物都是圆的。天、地、人与自然组成了一个和谐的圆。印第安最常见的符号是一个被圆圈围起来的十字。人就在这个十字的中心。人的一生就是一个“从孩子到孩子”的循环。他们认为自己的帐篷是一个圆形的鸟巢。

十七世纪左右到来的欧洲殖民者彻底改变了美洲印第安人的命运。他们的帐篷也发生了很大的改变。十八世纪以前，印第安的帐篷

现代集会上的帐篷

都比较矮小轻便，它的建造主要由妇女完成，在搬迁时放在狗拉的爬犁上。自从印第安人从西班牙殖民者那里引入了马匹以后，不仅更方便了追猎野牛，也诞生了跃马呼啸、驰骋在北美大平原上的印第安人的经典形象，而且他们的传统帐篷也变得更高大了。

后来的印第安帐篷可高达五米，并且增加了更多的绘画装饰。装饰内容多为狩猎和战争场面、动物及一些几何形状。一顶帐篷的大小和装饰代表了一个印第安部落的强盛程度。在搬迁时，往往是酋长骑马走在最前面，他的身后跟着拉着帐篷和其它财产的车队与马队。

在印第安人的秋季狩猎大会和传统的祭祀太阳的舞蹈节期间，印第安人的营地往往会聚集起几百顶帐篷，场面十分壮观。最令人震撼的是在 1876 年 6 月，在蒙大拿州的黑山山谷发生的印第安人部落与美国军队对抗的著名小大角 (Little Big Horn) 战役期间，有一万多名印第安人、两千顶帐篷连绵看不到边。这次大战以印第安人大胜结束，是美国新殖民者与土著印第安人之间最著名的战役。

博物馆里的印第安帐篷

然而仅仅在二十几年以后，印第安帐篷就开始在北美大平原上消失了。

现在，曾经非常实用的民居，印第安帐篷已经不复存在，变成了博物馆和公园里进行历史教育和寄托怀旧情怀的道具。就连印第安人本身也搬进了现代的居所，只有在举行民族庆典的时候才会重新搭建起他们的传统帐篷。

相反，现在在美国，印第安帐篷成了崇尚回归自然的人喜爱的野外居住方式。在美国的许多城镇的一些集市活动上，喜欢标新立异的美国人也常常会建造起一些花花绿绿、夺人眼球的“变异”印第安帐篷，装饰着夸张的印第安人的象征图案。印第安帐篷和它们的主人一样，成了北美的一个传奇故事，一个美国新一代崇拜的对象。

从这个意义上讲，印第安帐篷正以另一种形式得到了新的张扬。

野外简陋的帐篷

38 加拿大

伊格鲁，与北极光相伴五千年

在地球北纬五十度以北，从阿拉斯加西北部到格陵兰岛东端，六百多万平方公里的冻土雪原和北冰洋上，有一个存在了五千多年的古老文化，有一群世世代代活跃驰骋在千里冰海雪原，与天地、白夜、极光相依，与巨鲸、海豹、驯鹿为伴的大自然的赤子。他们就是北美大陆的真正主人因纽特人。

因纽特人原来被称为“爱斯基摩人”。因为“爱斯基摩人”这个词带有“餍食生肉的人”的贬义，近年来这些土著人改用“因纽特人”来称呼自己。它的意思在土语中简单明确，即“人”。

因纽特人与北美大陆上的土著印第安人在相貌、语言和文化风俗上都有明显的不同，也具有十分独特的生活方式。千百年来，他们在北极圈高寒冻土冰原上追逐驯鹿群的迁移而迁移，在北冰洋上随鲸群海豹群而游弋。驯鹿、北极熊和大型海洋哺乳动物是因纽特人赖以生存的食物来源，在冰原和冰海上捕猎是因纽特人传统的生活方式，从中产生了独特的因纽特文化传统。

一个民族的文化传统最直接的体现是在日常生活中的“衣、食、住、行”上面。因纽特人的传统民居——伊格鲁就是世界各地的传统民居中最有特色的一种。

“伊格鲁”是一种完全由冰雪建造而成的小雪屋。它们是加拿大东北部土著因纽特人特有的冬季住宅。我了解到伊格鲁是在加拿大魁

因纽特人在捕鱼

北克的著名的“冰酒店”里。那次我运气好，被分配到的房间是个“房中房”，在其它房间都有的大冰床上又放了一个冰制的伊格鲁，晶莹剔透像一个小小的水晶宫殿。躺在伊格鲁里的熊皮床垫上，看着冰块之间缝隙里透进来的灯光，有一种梦幻般的感觉。这个无架无梁，纯粹用冰块叠垒在一起搭成的小屋是怎么立住的呢？

冬季的北极大地上，除了冰雪以外没有其它任何东西可作为建屋的材料。伊格鲁成了因纽特人最好的避寒安身之处。

它的建造过程并不太难但需要丰富的经验。选址建造伊格鲁的地势最好为缓坡，朝向南面或者东面。这是为了充分接受阳光和躲避冬季凛冽的西北风。位置选好以后，人们要用兽骨探棍探查一下地上积雪层的质量。如果探棍在雪里向下插时感觉用力均匀无障碍，说明下面的雪层是同一场雪的积存，这样造出来的雪砖将比较结实。除了均匀的雪层外，比较陈旧的雪层的雪质瓷实，造的雪砖会更好。

地址选好以后，在地上画一个圆为要建的伊格鲁定位，直径取决于伊格鲁的用途，一般为二至五米，在圆的一侧画一条宽约一米的长沟作为进入的通道。这条沟也是挖雪砖的地方。在沟所涉及的区域内，人们向下一层层地挖出半米长、十五厘米宽的长方形雪砖，并把它们不断地垒砌在圆圈的边缘上。雪沟深约一米，一直伸进圆形的伊格鲁内部，在里面形成一个深一米、两米见方的坑。坑的另外三面的雪台是伊格鲁内部的生活区域。

垒砌伊格鲁的雪砖壁是因纽特人特有的建筑技术，一般由两个人

冰酒店里的伊格鲁小冰屋

因纽特人正在修建伊格鲁

合作完成。负责垒墙的人站在伊格鲁的里面，把雪砖块沿一个螺旋形的坡度一圈圈不断加高。所有的雪砖在安放时都保持向内倾斜，靠左右雪砖间的相互挤压支撑，并逐渐向内合拢，形成一个没有任何支柱的穹顶。最后在穹顶的中央留下一个洞，这里是安放顶砖的地方。

顶砖的雪块要比顶洞稍大，当顶砖被固定进洞里以后，它就把四周所有的雪砖全部紧紧地挤在了一起，形成了一个结实的整体。最后再用雪把砖缝堵塞起来。

在进入的通道的顶上也要用雪砖搭建类似的拱顶。在伊格鲁的顶上留有气孔和用兽皮遮挡的小窗。门也是用冰块做成。

一个简陋的临时避风雪用的伊格鲁只需一个人用个把小时就可建成。而家庭长期居住的较大的伊格鲁的建造需要更长的时间。

在伊格鲁建好以后，要在里面点燃一盏兽油灯。待火焰把内部的雪砖表面融化出薄薄的一层以后，打开房门让外面的冷空气进来，很快地把融化层冻住。这样便加固了雪墙，并且弥合了雪砖之间的缝隙。最后，用兽皮罩起伊格鲁内部的雪墙。夹在兽皮和雪墙之间的空气层既增加了保暖的效果，又减少了雪墙的融化。

建伊格鲁的屋顶（一）

建伊格鲁的屋顶（二）

在伊格鲁的内部，人们用海豹油的大油灯取暖和煮饭。因纽特人巧妙地利用热空气上升、冷空气下降的原理。人们在较高的雪台上活动和睡觉。冷空气沉积在靠门的地方挖出来的坑和进口的雪沟处。雪是很好的保温材料。在外面狂风呼啸、零下三四十度的严寒里，经过这样精心建造的伊格鲁内部的气温可以保持在零度左右。对于祖辈在极地生活，抗寒能力很强的因纽特人来说，这个温度已经相当舒适了。

一座伊格鲁的使用期限一般只有一个月左右，这取决于雪砖的消损或者主人家庭因捕猎的需要而迁移。

伊格鲁作为因纽特人几千年留传下来的传统民居形式，因为受到极地自然条件的限制，它的造型结构简单、舒适程度有限，但它的建造特点很好地利用了建筑学的力学原理。它的圆形形体使其可以在最小的表面积下取得最大的内部使用空间，并且最大限度地减小了风力。它的圆拱顶结构解决了当地缺失支柱材料的问题。它的内部结构利用热空气上升冷空气下沉的原理实现了保暖。伊格鲁在建造上简易

用雪砖垒墙

方便。最重要的是它的全部材料取自自然并回归自然，不留下任何人为的印迹，是人类所有建筑中对自然生态环境最为尊重和环保的建筑方式。

39 巴基斯坦

巴基斯坦卡车，永在飞驰的美丽蜗居

我在与巴基斯坦毗邻的红旗拉甫山口见到这种“装饰到牙齿”的重型卡车时，顿时就被它的五彩缤纷的颜色和琳琅满目的饰物惊得目瞪口呆。这哪里是风尘仆仆长途跋涉的运货卡车，它分明像个打扮得让人眼花缭乱，准备去选美的印巴美女！只见那巍峨的雪山高耸在车头之上，神灵在蓝天白云里飞翔。鲜花盛开在车窗的四周，诗句在花丛中流淌。英雄美女在向人们微笑。行驶时彩带飞舞、金属饰片叮咚作响，似乎创作者所有能想象出来的美全都被毫不吝啬地堆积在了这不过几十平方米的卡车外壳上。

对于常年离家在外，驾驶着重型卡车奔驰在路上的卡车司机们，卡车不仅是他们的工作场所，还是他们日夜作息的家，就像一只蜗牛无论走到哪里都驮着自己的壳。世界上没有其它哪个地方像巴基斯坦的卡车司机们那样，把自己对家的感情都倾注在了自己的座驾上面，想方设法让卡车变得更漂亮。他们不惜巨额开销每隔三五年就要把自己的卡车重新装饰一番。

像传统民居建筑一样，卡车装饰有着悠久历史。它反映出社会的发展、人类审美观的变化和人们对美好梦想的追求以及对丰富多彩的生活的渴望。据人类学家考证，八九千年以前，在人类尚未用泥土搭建定居之所的时代，从印度洋海边到中亚高原的骆驼队和牛车上就已经出现了类似的装饰。

在喀喇昆仑山公路上的重型彩绘卡车(一)

从骆驼队和牛车到现代化的重型运输卡车，人类的发展走过了漫长的道路。直到二十世纪四十年代，巴基斯坦才出现了长途运输卡车。从那个时候起，车主们就已经开始在打扮自己心爱的卡车了。当时曾经有一位有名的手工艺人组织了一些莫卧尔王朝宫廷艺人的后代，开始尝试把传统的装饰方法从建筑和动物身上用到钢铁巨兽——现代车辆上去，随之形成了克什米尔、白沙瓦、卡拉奇、斯瓦特、俾路支等以地区特色为代表的五大艺术风格。

巴基斯坦是一个充满美丽幻想的民族，有着装饰和美化生活的文化传统。从一盒小小的音乐磁带，到一位待嫁的新娘，再到一辆运货的卡车，人们都希望它变得五彩缤纷。这可以帮助人们走出乏味的日常生活，回避不理想的现实社会，给人们以不断向上的勇气和希望。

在图案的形式和种类上，早期的卡车装饰以运输公司的形象宣传为主，配合以比较简单的传统文化图案。随着卡车装饰业的发展、装饰材料的丰富、卡车运输业财富的积累和从业人员经济地位的提高，图案也越来越丰富多彩了。它们可以是理想和梦幻里的美丽景物，巍峨的雪山、鲜花盛开的草原、世外桃源般的村庄；也可以是历史上的传奇人物，现实社会里的名人、影视明星、宗教领袖，或者是神话传说中的鬼神。诗歌和书法也是很常见的装饰。随着全球化经济的发展和西方文化的影响，近年来在巴基斯坦的传统卡车装饰上越来越多地出现了西方文化中的内容。例如，希腊神话中的人物，蒙娜丽莎的画像和已故英国王妃戴安娜的头像等。

随着卡车司机的社会和经济地位的提高，他们的骄傲与自信也反映在卡车的装饰上。现在很多司机会把自己儿子的肖像画在自己的卡车上。他们说，我们已经没有必要借助名人来抬高自己了，自己儿子的可爱头像就足够了。

在喀喇昆仑山公路上的重型彩绘卡车（二）

左、右｜让人眼花缭乱的卡车装饰（一）

在印度洋之滨的巴基斯坦的重要港口城市卡拉奇云集着大量的卡车装饰作坊，有一千四百万人口的卡拉奇竟有五万多人从事这个行业。他们在卡拉奇近郊尘土飞扬的公路旁简陋的家庭手工作坊里，在横七竖八堆满装饰材料的空地上既按部就班地工作，又培养着新的学徒。刚送来的卡车是只有驾驶舱、空徒四壁的车厢和几个大车轮的“空壳”。手艺人们要按照车主的要求为车头和车厢搭起支架，在上面装上雕刻着精美图案的木门、红红绿绿的塑料外壳和车厢挡板；然后在上面一道一道地着色并描绘出各种图案来。很多情况下，还要再装上可以在行驶时发出悦耳声响的金属片，以及用闪闪发光的细金属线和丝织物织成的流苏。司机的驾驶舱内部也要装饰得五彩缤纷，就像新娘的花轿一般艳丽。里面少不了有精美刺绣的坐垫、五颜六色的锦缎靠垫、花里胡哨的挂饰。据说，许多卡车车主花在装饰自己卡车上的钱要比花在家里房屋上的钱还多。

一辆卡车装饰工序一般需要六至十周的时间。在此期间，司机不能出车，当然也没有收入。于是他很自然地成了装饰作坊的一个临时家庭成员，与他们吃住在一起，观赏手艺人们的操作，评论他们的手艺，提出自己的改进意见。从一辆卡车的外观装饰上，人们不仅能够区分出它来自哪个地区，属于哪一个运输公司，而且可以清楚地看到司机的宗教信仰、人生态度、个人喜好和感情。卡车司机常年的颠簸生活造成了他们无拘无束的生活习惯，卡车成了他们远离的家的代用品。它不仅是居所而且是家中赖以生活的一切，还是生活中的伴侣。这一点也可以从卡车上大量的女性化的装饰上清楚地看出来。有些时候，卡车被装饰得就像是司机的一位美丽的新娘。

让人眼花缭乱的卡车装饰（二）

让人眼花缭乱的卡车装饰（三）

尽管巴基斯坦的卡车装饰图案许多取自古老的传统文化，来源于高贵的皇家宫殿和庄严肃穆的清真寺建筑装饰，但它们的载体却是这个世界上并不富裕的国家的大众运输工具。从表面上看，巴基斯坦的卡车装饰艺术有些难登大雅之堂。然而，这一民间工艺深植于人民大众的生活之中，是他们对生活的理解和追求，是大众审美的最生动体现，也是巴基斯坦民族文化的一株奇葩。

可以想象，当这些鲜艳夺目的艺术装饰大卡车在欢畅优美的印巴歌舞音乐的伴奏下，行驶在古老的丝绸之路、穿越巍峨的喀喇昆仑山口、奔驰在巴基斯坦的城镇乡村时，会给人带来怎样赏心悦目的精神享受。

画匠在绘制卡车装饰